METAVERSE BEGINS

元宇宙

全面即懂metaverse的第一本書

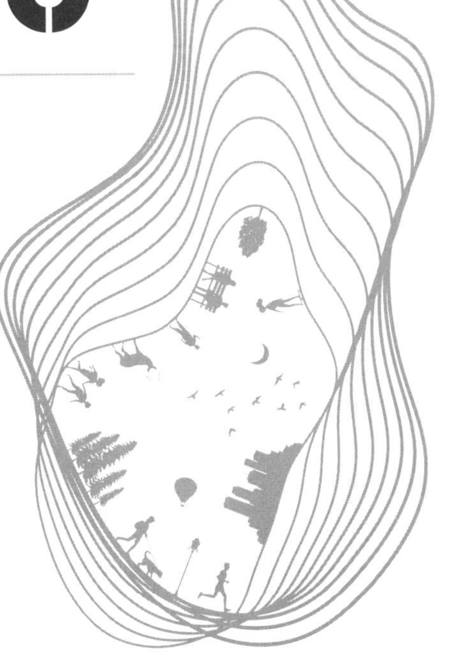

李丞桓 著
韓國政府元宇宙政策顧問

人 × 空間 × 時間的革命

未來即是現在

目次
CONTENTS

第二章
元宇宙革命

第三章

元宇宙，革新產業

第四章
元宇宙，改變社會

第五章

元宇宙的黑暗面

第六章

元宇宙轉型策略

從現在開始跟上

▶ 我所知道的元宇宙不過是冰山一角

人類還有很多尚未開拓的領域，宇宙、海洋、大腦、微生物、虛擬世界等都是。我以前曾用蠻主觀的標準來看，認為虛擬世界比其他領域拓展得還要好。畢竟 1969 年阿帕網路（ARPANET）* 問世後，過去這 50 幾年來，網路所主宰的革命不斷加速進行著，不是嗎？以網路為基礎的裝置與服務創新紛紛出籠，隨著時間過去，我自以為對這些事物已經司空見慣了。第一代網路曾經帶給我驚奇的體驗，但現在我連智慧型手機的觸控螢幕與 app 商店都已經

* 編按：美國國防部的先進研究計畫機構在 1960 年代末期開始研究計算機網路，阿帕網路即為其成果，它也被視為現代網際網路最初的雛型。

習以為常了。「嶄新的創新」，聽起來只像是功能的改善或是遙遠的未來才會發生的事情。

但是，我在經歷元宇宙的進化與由此體現的全新世界後，想法產生了180度的轉變。好幾億人在元宇宙裡面活動，發揮個人的創造力來製造、出售虛擬資產，從而創造收益，還能和現實世界的經濟連動，這一切都讓我很震驚。當我在元宇宙遊戲《戰慄時空：艾莉克絲》（*Half-Life: Alyx*）中化身為主角，竟然能感受到現實世界中物理定律的力量，那種全身顫慄的感覺我至今仍然忘不了。

在虛擬空間的我，用手大力握住罐子時，罐子就會因為壓力而扭曲；丟擲玻璃瓶，瓶子也會伴隨著聲響而碎裂；拿筆能在玻璃窗上塗鴉、搖晃火柴盒後能聽到聲音，撥弄地球儀能讓它轉動，用手推門則門會開啟，彈奏鋼琴則會發出聲音……。在此之前，現實世界中再理所當然不過的物理現象，並無法完整重現在虛擬世界中：大部分的事物就像壁畫一樣，不會動，也沒有反應。雖然有數不清的電腦或手機遊戲，曾經透過有趣的劇情和沉浸式虛擬空間為玩家帶來了歡樂，但是既有的虛擬世界無法跟全新的元宇宙體驗相提並論。我就像打開了通往未知的浩瀚虛擬世界的大門，感覺到自己一直以來所知道的元宇宙不過是冰山一角。嶄新的革命開始了。

▶人 × 空間 × 時間革命，元宇宙

我抱著初次踏上未知虛擬大陸的心情，拋出了問題。元宇宙究竟是什麼？過去、現在及未來的元宇宙有何不同？元宇宙是一場革命嗎？還是轉瞬即逝的潮流？如果元宇宙是革命的話，那現在要起飛了嗎？元宇宙會怎麼改變產業與社會？元宇宙造成的副作用是什麼？我們又應該做些什麼？為了回答這一連串的問題，我寫下了這本書。

我閱讀了研究新革命的傑出人士的真知灼見，我也跟各領域的元宇宙專家對話，瀏覽不斷出現的無數創新案例，在這個過程中體會到了喜怒哀樂。看著人們透過元宇

宙實現看似不可能成真的夢想，感到悲喜交加。企業透過元宇宙為人們帶來驚奇、創造革新，令人又驚又喜；但我同時也因為元宇宙可能引發的危險，感到恐懼與憤怒。元宇宙是一場創造全新想像的革命，打破我們對人、空間和時間的慣性與成見。革命現在開始了，未知的虛擬世界正等著我們探索。

▶ 要游泳？還是上船？

當網路革命浪潮來襲的時候，人們被沖上陸地的大浪嚇得不知所措。生活方式和企業的生存策略也因此產生變化。某些企業還沉醉在陸上奔跑的時期，抱持著要跑得比浪潮還快的愚蠢想法，因而消失於水面下。相反地，那些察覺到變化、學會游泳的企業生存了下來，它們適應了新環境，找到新機會，並茁壯成長。

現在，名為元宇宙的巨大革命海嘯來了。也許會有昧於現實的企業認為像從前那樣游泳，就能避開這場海嘯，而某些企業則會打造可供搭乘的堅固船隻。究竟該游泳還是選擇上船呢？

快點上船吧！然後出發尋找地平線另一端尚未開闢的虛擬大陸吧！希望這本書會是你開拓未知虛擬大陸的指南針，在令人喘不過氣的現實世界中，期望你透過元宇宙能目睹位在另一頭的新世界，藉由審視自我、獲得資訊、產生共鳴，進而美夢成真。而且我相信這樣的成就將會成為你現實生活中的新出路。

本書問世之前，我獲得了許多人的幫助。謝謝一路陪伴我直到本書出版的李董事長、身在遠方心卻很近的日三共感的朋友，以及鍾路的朋友。也總是很感謝在各自的位置上發光發熱的漢陽大學朋友，以及總是以身作則、謙虛與實力兼具的 KAIST 朴教授、漢陽大學白教授、還有和我一起絞盡腦汁的 KAIST SMIT 研究室及漢陽大研究所的學長姐和學弟妹。還要謝謝用全新的觀點刺激我發想的趙博士、韓博士、柳博士、金教授、沈教授、沈律師、李律師及軟體政策研究中心的各位。同時，也想藉著本書感謝協助我一步一步成長的江教授、姜博士、朴博士與三星經濟研究中心的同事們，以及 KT Corporate Center、KT 經濟管理研究中心、KT 行銷研究中心及韓國電子通信研究院的各位。

還要謝謝給予不變的信賴和犧牲，替我加油的父母、哥哥、嫂嫂、姊姊和姪子們。最後我想對一直在身邊協助我的丈母娘、陪我一起走過辛苦人生的妻子和女兒說一聲謝謝、對不起，我愛你們。

2021 年 7 月

李丞桓

METAVERSE

第1章

登入元宇宙

BEGINS

1

什麼是元宇宙？

▶ 將想像變成現實的地方

如果你能創造出人、空間與時間，你會做什麼呢？有如電影情節才會出現的這種想像，現在已經能在元宇宙（metaverse）世界中美夢成真，而這對現實生活也帶來極大的影響。

美國人氣饒舌歌手崔維斯．史考特（Travis Scott）在《要塞英雄》（*Fortnite*）這個遊戲平台上舉辦了現實中無法辦到的虛擬演唱會，吸引超過 1 千 2 百萬名玩家觀賞了那場虛擬演出。史考特藉由那次表演，創造出比實體演唱會還要高出 10 倍以上的收益。韓國也曾透過虛擬的方式，讓已故歌手申海澈和防彈少年團（BTS）能夠同台，展現出跨越時空的演出。

現實生活中不存在的遊戲角色可以組成虛擬女子團體，現實生活中的女子團體也能和自己的虛擬化身（avatar）一起出道。《英雄聯盟》（*League of Legends, LoL*）中的角色「阿璃」、「阿卡莉」、「凱莎」、「伊芙琳」以女團 K/DA 出道，她們推出的歌曲〈POP/STARS〉在美國 iTunes 的 K-POP 排行獲得第 1 名，四人女子團體 aespa 則是與自己的虛擬化身一起出道，在 YouTube 發表 51 天後，點閱率便突破 1 億。四名成員以及四名虛擬化身分別活躍於實體世界及虛擬世界中，有時也會一起合體演出。透過元宇宙也能與離世的女兒相見。MBC 的 VR（虛擬實境）人文紀錄片《遇見你》記錄了一位媽媽在 VR 中，與因為血癌而突然離世的 7 歲女兒相見、聊天的感人模樣。

▶ 集合啦！元宇宙

全球都以展望新時代的角度關注元宇宙。元宇宙被視為主導後網路時代的全新典範，全球資訊科技企業也認為元宇宙是全新的機會。AI（人工智慧）運算技術公司輝達（Nvidia）的執行長黃仁勳在開發者大會上提到：「元宇宙的時代來臨了。」《要塞英雄》遊戲開發公司 Epic Games 的執行長提姆・史威尼（Tim Sweeney）將元宇宙稱為「新一波網路革命」並預告全新的革命時代即將到來。韓國國內主要電信企業 SK 電訊也宣布，要以元宇宙企業為目標改頭換面。[1]

元宇宙的應用領域不斷擴張。美國加州大學柏克萊分校在沙盒遊戲《當個創世神》（*Minecraft*）中舉辦元宇宙畢業典禮，[2] 韓國順天鄉大學則是透過 JumpVR 舉行了開學典禮。此外，職業棒球隊韓華鷹舉辦了首次的元宇宙誓師大會，[3] DGB 金融集團則是在元宇宙平台 Zepeto 中召開了高階主管會議。[4]

應用元宇宙的例子迅速增加，隨著許多的媒體報導，元宇宙相關議題的搜尋量也劇增。不只韓國有這樣的趨勢，全球都是如此。

元宇宙市場也將大幅成長，在 2027 年會先成長到 8,553 億美元，超過全世界國內生產毛額（GDP）的 1%，預計到 2030 年會達到 1.81%，也就是 1 兆 5 千萬美元的規模。其中，AR（擴增實境）市場的成長率預計會快過 VR 市場。[5]

對於元宇宙的關注，並非僅止於全球資訊科技企業高層的談論、部分應用實例與搜尋量的增加；事實上，數以億計的使用者正在登入元宇宙。虛擬生活互動遊戲《集合啦！動物森友會》在 2020 年 3 月上市以後，累積銷售量已超過 3 千萬套；虛擬化身互動平台 Zepeto 在 2018 年 8 月上市後，在 2021 年全世界已有超過 2 億人使用；此外，還有每月高達 1 億 5 千萬個活躍使用者的遊戲型生活平台 Roblox。許多人正透過不同的元宇宙平台聚集在一起。受到莫大關注又有這麼多人登入的元宇宙，究竟是什麼呢？

▶ 元宇宙有幾種？

所謂的元宇宙是指虛擬與現實交互作用、共同進化的世界，可在其中展開社會、經濟、文化活動，並創造價值。[6]「元宇宙」是由表示「超越」的希臘語「*meta*」與表示「世界、宇宙」的「universe」所結合而成的字詞。如同「網路空間」（cyberspace）一詞，在 1984 年威廉．吉布森（William Gibson）的小說《神經喚術士》（*Neuromancer*）中出現後被廣泛使用，元宇宙這個詞是在 1992 年史蒂文森（Neal Stephenson）所撰寫的科幻小說《潰雪》（*Snow Crash*）之中首度登場；大家所熟知的「虛擬化身」也是在這本小說裡第一次出現的概念。史蒂文森在波士頓大學主修物理學與地理學，對於電腦及程式編寫也有著淵博的知識，他與《神經喚術士》的作者吉布森都被視為賽博龐克（cyberpunk）[7]的代表性作家。

研究元宇宙的加速研究基金會（Acceleration Studies Foundation, ASF）根據元宇宙所呈現的空間與資訊型態，將其劃分成四大類型，[8]區分的標準為：元宇宙所呈現的空間是以現實為主？還是以虛擬為主？所呈現的資訊主要為外部環境資訊，還是個人或物件的資訊？第一種類型是AR，在現實世界中增加外在環境資訊。第二種是生活記錄（life logging），將個人（或物件）在現實世界中的活動資訊與虛擬世界相連整合。譬如說，你在現實世界戴著智慧型手錶運動，智慧型手機的 app 畫面就會完整顯示你的心跳資料與運動路線。第三種是鏡像世界（mirror worlds），將外在環境資訊整合到虛擬空間中。第四種是虛擬世界（virtual worlds），個人（或事物）存在於完全虛擬的空間之中，並在裡面活動。Zepeto 等多款遊戲都是代表性範例。

這四大元宇宙類型原本各自發展，但近來互相影響，逐漸進化成融合或複合[1]的型態。在零接觸（untact）時代，做為居家健身替代方案而受到矚目的「虛擬陪跑」（Ghost Pacer）服務利用 AR 眼鏡，在現實世界創造虛擬跑者，並和生活記錄資料相連。使用者可以設定在 AR 中看到的虛擬人物跑步路線和速度，再一起跑步，而這些資料也會和運動 app 或 Apple Watch 保持連線。

透過 hopin、teooh 等企業所提供的虛擬會議與活動平台，虛擬的會議與人際互動等活動都能與生活記錄連線，以便進行活動成果評估。你可以衡量活動的宣傳效果與成本效益，並藉由參與者使用的表情符號、動線、人際互動

[1] 編按：融合是指 A + B 混合成一個新的 C；複合則是指 A + B 變成 A&B，兩者兼具。

· 元宇宙的四大類型

出處：Acceleration Studies Foundation（2006）, "Metaverse Roadmap, Pathway to the 3D Web"，作者重繪

時間等數據進行分析。其中一項分析的結果顯示，透過 teooh 召開虛擬會議，經過約 1 小時的小組討論之後，與會者平均還會留在平台上交際互動 2 個小時。

除此之外，還有許多正在進行融合的例子，包括結合了虛擬世界與鏡像世界的 Google 地球 VR、結合了 AR 與鏡像世界的 Google 地圖 AR 實景導航等，伴隨著持續加速的交互作用，將能夠形成未來的元宇宙。[9]

・虛擬陪跑居家訓練替代方案

出處：The Ghost Pacer, https://www.youtube.com/watch?v=wKEW_c6NEIU

▶ 數位宇宙，元宇宙

為了讓這個新的概念容易理解，我們需要一個恰當的比喻。為此，我重新組合、詮釋了以下兩者：遊戲引擎開發商 Unity 執行長約翰・里奇蒂耶洛（John Riccitiello）的媒體採訪內容，以及元宇宙社群成員提安（TiAnn）所描繪的元宇宙圖。里奇蒂耶洛曾表示：「元宇宙會變成形形色色的人互相拜訪各自經營空間的一種小宇宙。」也就是說，實體地球和各種虛擬行星共存，人們往返這些行星過生活。這些虛擬行星數以千萬計，又互相連結在一起，因此被稱為小宇宙。

· teooh 的虛擬會議場景

出處：www.teooh.com

· 元宇宙的融合或複合化

出處：Acceleration Studies Foundation（2006），" Metaverse Roadmap, Pathway to the 3D Web"，由 SPRi 重新整理繪圖

虛擬行星的創造根源是人類的創造力，提安將這一點形象化，稱之為「創生之柱」（Pillars of Creation）。若綜合起來重新詮釋的話，創造虛擬行星的「創生之柱」結合了人類的創意與技術，其中的代表性技術包含：大數據、區塊鏈等數據技術（D: data technology）、5G 之類的網路（N: network）、人工智慧（A: artificial intelligence），以及 AR、VR 與全像投影的總稱「延展實境」（XR: extended reality）。我們可以將它簡化成這樣的概念來理解：創生之柱 = 人類的創意思維（creative thinking）×（D.N.A + XR）。順帶一提，XR 被普遍稱為「延展實境」，但我在本書希望用它統一指稱「虛擬融合」。

人們在實體的地球上運用創意思維和 D.N.A + XR，不斷創造出新的虛擬行星。有幾款遊戲早已是人們耳熟能詳的元宇宙行星，例如《要塞英雄》的註冊玩家為 3 億 5 千萬人，Zepeto 和《當個創世神》為 2 億人，Roblox 則是 1 億 5 千萬人，這些人在地球與虛擬行星之間穿梭生活。有趣的是，未來預計會有無數全新的虛擬行星誕生，而這些虛擬行星將會彼此相連，構成數位宇宙。

· 創生之柱：數位宇宙與元宇宙

出處：作者以 Pillars of Creation（photo credit : TiAnn, a Metaverse Community member）重新整理、改圖

2

關於元宇宙的誤解與真相

仔細回顧那些關於元宇宙的常見問題，便能發現其中存有對元宇宙的誤解與真相。對元宇宙的第一個誤解：「元宇宙是一個突然出現的概念」。元宇宙從很久以前便存在了，最早在 30 年前就有小說提及，2003 年則透過《第二人生》（*Second Life*）[2] 做為一種服務來推出，並獲得關注。

VR 遊戲《第二人生》在 2003 年上市後，3 年之間擄獲了百萬名使用者的芳心，因而受到全球矚目。雖然在那

❷ 編按：《第二人生》是由 Linden 實驗室開發的網路虛擬世界，使用者可透過虛擬化身在裡面與其他人交流互動。

之後，《第二人生》沒有跟上行動裝置變革的時代，使得眾多使用者轉向社群網路服務，但是它依舊被認為是社群網路服務出現以前，得以讓元宇宙成真的虛擬世界。推出《第二人生》的美國公司林登實驗室（Linden Lab）的創始人菲利浦．羅斯戴爾（Philip Rosedale）曾經說過，「《第二人生》是要呈現出《潰雪》所描繪的虛擬世界。」

對元宇宙的第二個誤解：「元宇宙在 30 年前並不存在」。元宇宙這個詞在 30 年前才首次出現在小說中，會這樣認定不是理所當然的嗎？然而，人類早在更久以前就對虛擬世界產生興趣了，只不過沒有使用元宇宙這個詞而已。

1840 年英國物理學家查爾斯．惠斯登（Charles Wheatstone）發明了反光立體鏡（mirror stereoscope），運用視錯覺技術，讓人可透過兩張相片看見一個立體的物品；[10] 立體鏡的基本原理也是現今 VR 頭戴式裝置 Oculus 所運用的核心原理。[11] 在那之後，1930 年代愛德溫．林克（Edwin Link）創造了飛行訓練模擬器，1957 年好萊塢攝影師莫頓．海利格（Morton Heilig）則創造了稱為「Sensorama」的裝置，類似今日室內遊樂場的摩托車電玩機台。當時只要付 25 美分，就能體驗在曼哈頓街道騎腳踏車的感覺。這

・VR、AR 的發展過程

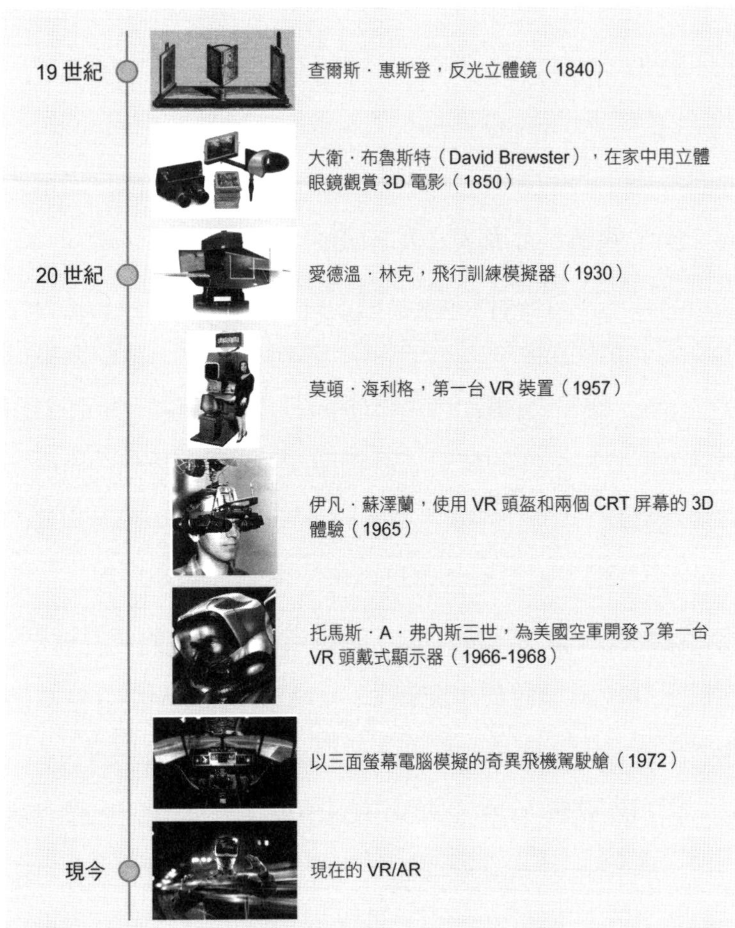

出處：東亞商業評論（2016.08），「沉浸在原始樂趣的 AR/VR 產業現場，提供顧客體驗的工具才能生存」。

個裝置的目的是讓觀光客進行五感體驗，它不只透過廣角來呈現雙鏡 3D 攝影機的景象，座位還會震動，並以電風扇吹風製造出氣味。然而，當時並沒有人看出這個裝置的未來價值，導致後續研發因為欠缺資金支持而被迫中斷。[12]從前述內容可以看出，人類從很早以前開始，就致力在虛擬空間中傳遞五感知覺，而隨著科技進步持續加速，元宇宙空間也會變得更為先進、更為智慧化。

第三個誤解是：「元宇宙就是 XR 技術」。就技術層面而言，XR 確實是建構元宇宙的核心技術。但是元宇宙必須透過 XR 技術、數據技術、網路與 AI 等緊密結合，提供綜合性的體驗，才能展現真正的價值。就所提供的服務層面來說，AR 與 VR 只是具體呈現元宇宙服務的類型之一，並非等同於元宇宙。如同前述，元宇宙可以大致劃分為 AR、生活記錄、鏡像世界、虛擬世界這四個類型，而且這四個類型正透過融合或複合的方式發展出更多不同的服務。

第四個誤解是：「元宇宙是遊戲」。在元宇宙的發展過程中，遊戲占有非常重要的一席之地。虛擬世界透過遊戲不斷更新，玩家也在其中生活並感受其樂趣，而且虛擬世界未來也會繼續進化與發展。然而，遊戲本身並不是元宇宙。元宇宙超越了遊戲，不只改變工作方式，也是讓整體社會經濟產生變化的一種典範轉移。相關實例與具體討論會在第 3 章與第 4 章有更詳細的內容。

第五個誤解是：「元宇宙只是暫時的潮流」。2003 年《第二人生》備受關注以後，大眾對元宇宙逐漸失去興趣；直到 2016 年寶可夢熱潮才再度成為大眾的焦點，但又因為熱度下降而面臨現在的處境。就體驗效果的層面來說，有人很自然就會覺得「只是一時的流行」。然而，若從技術與經濟價值的進步、投資等層面進行分析，就可以知道為什麼元宇宙被視為繼網路之後的全新革命了。這個部分會在第 2 章有更詳細的討論。

3

過去vs現在的元宇宙

▶ 更自由、更廣泛、更智慧

過往的元宇宙與今日的元宇宙在許多層面上都有所差異，包括整合程度、平台自由度與適用領域、技術基礎、經濟活動、所有權等。2000 年代初期，元宇宙始於遊戲與生活互動服務，而這兩者是相互獨立的。最早的數位遊戲是 1958 年威廉・希金伯泰（William Higinbotham）所推出的《雙人網球》（*Tennis for Two*），[13] 之後，隨著 1998 年推出的 Unreal、2004 年推出的 Unity 等遊戲引擎日漸普及，遊戲開始從 2D 加速進化成 3D，並構成了虛擬世界的主流。在此同時，出現了以個人電腦為基礎的Cyworld❸、《第二人生》等虛擬生活互動的元宇宙，不過在一陣熱潮之後，使用者因為手機方便好攜帶，轉而使用以手機為介面的臉書（Facebook）等社群網路服務。Cyworld 在 1999 年以個人電腦提供的 2D 服務起家，使用者人數曾大幅成長，突破 3 千 2 百萬人，雖然在 2020 年終止服務，但也預告 2021 年會以 Cyworld Z 重新回歸。[14]

過往的遊戲大多是以達成目標、相互競爭為主，但近期受到關注的元宇宙遊戲，其運作方式則是提供另一個生活互動空間或是個人化體驗。Epic Games 開發的《要塞英雄》便將競爭空間 Battle Royale 與生活互動和文化空間 Party Royale 分開運作，Zepeto 與《集合啦！動物森友會》的生活互動空間，則是以個人化體驗的方式運作。

元宇宙的使用範圍從基本的「企業對顧客」（business to customer, B2C），到以此為中心應用於多種產業群的「企業對企業」（business to business, B2B），再到公共與社

---

❸ 編按：Cyworld 是韓國最大的社群交友網站，會員數超過 1 千 8 百萬人，相當於每 3 個韓國人之中就有 1 個是會員。

會領域的「企業對政府」（business to government, B2G），其應用領域正逐步擴大。

在技術層面，過往的元宇宙與現在的元宇宙也有所差異。過往的元宇宙是以個人電腦、2D 的方式提供服務，現在的元宇宙則擴展至以 3D 為基礎的個人電腦、手機、頭戴式顯示器（head mount display, HMD）、眼鏡等穿戴式（wearable）裝置等，隨著 D.N.A + XR 技術整合，元宇宙的服務也會越來越智慧化。過往立基於「個人電腦／網路」的內容多為平面、靜態取向，但現在元宇宙的內容則能在虛擬空間，透過自己創造的不同物件進行共感體驗及模擬。

▶ 讓生產與消費良性循環

過往的元宇宙大多是玩家向服務供應商購買虛擬資產，形成以消費為中心的模式，虛擬資產的交易也必須在供應商的限制之下進行。最近元宇宙則改變方向，轉而以使用者為中心，並連結生產與消費、加強與現實經濟的關聯，因此使用者也急遽增加。玩家只要善用元宇宙中的生

· Roblox 的生產與消費連結結構

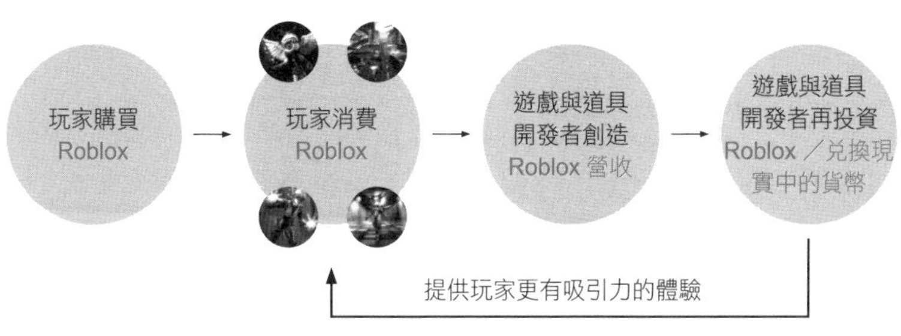

出處：Roblox（2021.2.26），Investor Day 的發表內容

產平台，就能自行創造虛擬資產，並藉由販售產生收益，而且收益還可以在現實生活中使用。遊戲型生活平台 Roblox 每月的活躍用戶為 1 億 5 千萬人，其中 8 百萬名使用者透過 Roblox Studio 所製作的遊戲超過 5 千萬個，他們的收益在 2018 年為 7,180 萬美元，至 2020 年已劇增為 32,870 萬美元。

Zepeto 在 2018 年上市以後，使用者已超過 2 億人，其中超過 6 萬個創作者銷售在 Zepeto Studio 製作的商品，並藉此創造收益。使用者製作的商品占整體商品的 80% 以上，每天都能製造出 7 到 8 千個服飾新品。[15]《要塞英雄》的使用者則多達 3 億 5 千萬人，美國歌手史考特透過遊戲

· Roblox ／ Zepeto Studio

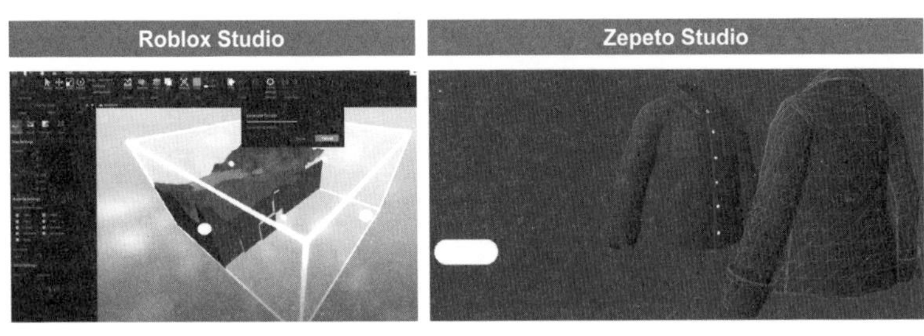

出處：Roblox（2021.2.26），Investor Day 發表內容；Zepeto 網站

中的 Party Royale 模式舉辦了虛擬演唱會，創造出比實體演唱會高出 10 倍以上的收益。

▶ 強化虛擬財產的所有權

隨著使用者開始在元宇宙中積極參與生產活動，如何管理自己創造的虛擬資產的所有權也變得更重要了。管理虛擬資產的概念——「非同質化代幣」（non-fungible token）開始受到關注，並且在元宇宙中被大肆運用。非同質化代幣簡稱為 NFT，它能夠賦予使用者原創內容（user generated contents, UGC）稀缺性及所有權。

NFT 運用區塊鏈技術賦予音樂與影像等特定數位創作內容獨一無二的識別代碼，且無法偽造、變造，還能夠記錄特定人物的所有權資訊。NFT 會以區塊鏈數據的方式，儲存創作日期、大小、創作者姓名、所有權、銷售履歷等數位創作作品的資訊，創作作品則會儲存在正版檔案所在的網站或是保護正版檔案的星際檔案系統（inter-planetary file system）之中。不同於比特幣這類可相互替換的既有同質化代幣（fungible token），每個 NFT 都有其獨特的價值，所以不能以其他 NFT 替代。

過去因為數位創作作品可以被無限量複製，所以稀缺性價值很低；藉由 NFT 則可以選擇賦予及轉讓限定數量的創作作品的所有權，進而能依據稀缺性、象徵性、創作者名聲等計算其價值，也因此成為活絡交易的契機。

全球 NFT 市場的交易額在 2019 年約為 6 千 2 百萬美元，2020 年則是 2 億 5 千萬美元，較前一年高出了 4 倍。[16] 推特（Twitter）執行長傑克・杜錫（Jack Dorsey）以 NFT 的方式，拍賣自己第一則推文的所有權，得標價為 291 萬美元（約新台幣 8 千萬元）。此外，隨著數位藝術品也能透過

· NFT 的四大優勢

不易偽造	容易追蹤
難以複製，可保障稀缺性，不受偽造影響而價值崩跌	區塊鏈的資料公開且透明，任何人都可以確認 NFT 的來源、發行時間／次數、持有記錄等資訊
所有權可分割	**增加流動性**
可以將所有權分割成 1/n 進行交易	以遊戲為例，若一件道具被製作成 NFT，則玩家就會真正擁有道具的所有權，可以在 NFT 拍賣市場自由交易

出處：KB 金融控股經營研究所（2021），「區塊鏈市場的下一個大趨勢，NFT」

NFT 取得所有權及進行交易，NFT 藝術品的交易額從 2020 年 11 月的 260 萬美元，至 12 月增加到了 820 萬美元。[17]

元宇宙使用者運用 NFT 讓數位創作作品商品化，並以加密貨幣計價、出售獲利。創作者製造、銷售元宇宙創作作品的所得，可以再轉換成現實世界中的貨幣，因此得以推動以元宇宙達成虛實融合的經濟活動。

The Sandbox、*Decentraland*、*Upland* 等以區塊鏈為基礎的元宇宙遊戲，都讓使用者能夠親自製造 NFT 產品並透過交易獲取收益，希望藉此促進遊戲內容多樣化，並持續吸引更多用戶。

The Sandbox 的玩家能在遊戲中以 NFT 創造虛擬空間與物品，並確立自己的所有權，再透過 *The Sandbox* 的加密貨幣 SAND 進行交易。*Decentraland* 遊戲中的土地所有權是透過 NFT 記錄，因而可以進行買賣，遊戲中使用的加密貨幣則是 MANA。*Upland* 則是一款虛擬不動產市場的遊戲，根據現實世界的地址創造而成，並以 NFT 製作虛擬不動產證書，遊戲中則是使用加密貨幣 UPX 作交易。

未來以 NFT 為基礎的元宇宙生態圈會持續擴大，如果能夠讓 NFT 創作作品得以在各個元宇宙之間互相流通運用，NFT 的應用價值也會更高。[18]

雖然 NFT 的優點與它在元宇宙的應用及投資價值受到越來越多的關注，但 NFT 的運用更加活絡的同時，也伴隨著風險。像是非創作者的第三人搶先將創作品註冊 NFT 並主張所有權，或是透過惡搞作品等二次創作的 NFT 所有權，都可能有侵害原創作者著作權的疑慮。[19]

METAVERSE

第2章

元宇宙革命

BEGINS

1

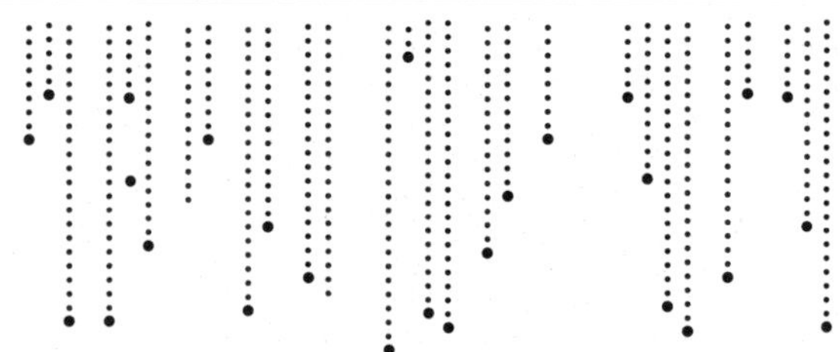

為什麼元宇宙是革命？

▶ 網路革命 vs 元宇宙革命

Epic Games 的執行長史威尼在 2019 年被問到：「《要塞英雄》是遊戲還是平台？」他在推特回答：「《要塞英雄》是遊戲。」他緊接著寫道：「但是，請在 12 個月後再問一次。」這也隱含了《要塞英雄》將會成為全新平台的意義；更正確來說，是成為一個元宇宙平台。在那之後，《要塞英雄》超越了遊戲，發展成為表演的文化空間，現在已有 3 億多人往來於這個元宇宙平台與現實生活之間。史威尼認為元宇宙是「新一波網路革命」，預告了嶄新的未來。

如果元宇宙是下一波網路革命，那麼網路時代的革命與元宇宙所帶來的革命又有什麼不同呢？元宇宙是否是下一波網路革命，可以從以下三個角度來分析：

1. 就便利性、互動性、畫面／空間可擴展性的層面來看，既有的網路時代與元宇宙時代有沒有差異呢？
2. 就技術層面來看，建構元宇宙的核心技術是引發革命變化的通用技術嗎？
3. 就經濟價值發展的層面來看，元宇宙是革命的原動力嗎？

▶便利、互動，畫面與空間還能擴展

以個人電腦、手機為基礎的網路時代，與元宇宙時代在便利性、互動性、畫面／空間可擴展性等面向都有所不同。隨著手機技術加速發展，相關設備的小型化與輕量化趨勢，自然而然地朝向人體可穿戴的方向前進。移動時，拿在手上的設備可能會掉落或遺失，但是如果能把設備穿戴在身上，使用起來就會更穩定也更有機動性。這就是穿戴式（wearable）裝置——可以像衣服或裝飾穿戴在身上的設備——正式被開發的原因。[1] 支援 AR 的設備從攜帶的時代發展至 AR 眼鏡、手錶等穿戴的時代，便利性也隨之增加。根據市場調查機構 IDC 的調查，2020 年全球穿戴式裝置市場的規模已突破 690 億美元，較前一年增加了 49%，預計 2021 年會高達 815 億美元。[2]

就互動性的層面來看，網路時代是採鍵盤、觸控的方式，而元宇宙時代則是運用了聲音、動作和視線等五感。最近 Meta 公司❶的實境實驗室（Reality Lab）將重心放在可搭配 AR 眼鏡且運用腦機介面（brain computer interface, BCI）的手腕型機器。手腕是佩戴手錶的部位，所以適用於日常生活或社會情境，也適合整天穿戴裝備。而且與手腕相連的手掌是與外界溝通時最常使用的部位，所以也可以廣泛運用手的操縱能力。如此一來，就能有合乎直覺、有效且令人滿意的互動。[3]

---

❶ 編按：前身為臉書（Facebook）公司，2021 年 10 月底改名為 Meta，宣告要以打造元宇宙做為願景。改名之後，旗下的「臉書」社群網站服務仍會以原本的名稱繼續運作。本書會根據文意是指公司還是社群網站服務來選用 Meta 或臉書。

此外，2D 網頁畫面也朝著不受平面螢幕限制的 3D 網頁畫面發展。個人電腦、智慧型手機是將 3D 現實世界的資訊以 2D 畫面呈現，而 AR 能突破畫面的侷限，讓現實世界與虛擬畫面結合；VR 則是將所有資訊都呈現在 3D 空間之中。手機因為手掌般的大小而受到使用者重視，而 AR 智慧眼鏡則讓使用者能從自己的視角來觀看世界，因而備受矚目，這也是第一次將人做為運算經驗的核心，讓數位世界成為 3D 世界，藉此實現了在現實生活中的溝通、探索、學習、共享以及活動。[4] 專欄作家馬克・佩斯（Mark Pesce）在 ABC 訪談內容中提到：「『低頭看畫面』這件事已經瀕臨淘汰。下一個畫面不再需要低頭尋找；這個世界就是畫面，未來會跟我們眼睛所看到的一切完美整合在一起。」[5]

· 元宇宙革命與網路革命的差異

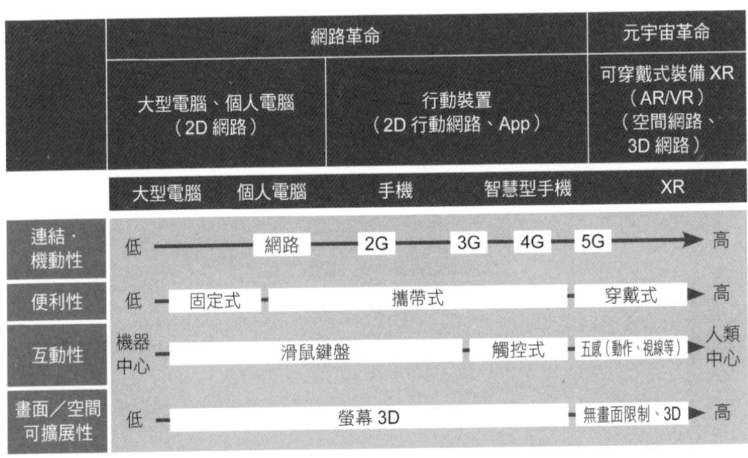

出處：Deloitte（2020）, "The Spatial Web and Web 3.0"；Acceleration Studies Foundation（2006）重新繪製

▶ XR + D.N.A.

通用技術（general purpose technology, GPT）乃是應用於整體經濟，透過提高生產效率以及與其他技術的互補作用，對於產業創新做出貢獻。[6] 通用技術是歷史上少數具強大影響力與破壞性的技術，被普遍應用在許多不同的產業中，用來推動創新，其本身也快速進步。從以前開始，通

・歷史上主要的通用技術

No	GPT	No	GPT	No	GPT	No	GPT
1	農耕	1	鐵	13	鐵路	19	大量生產連續加工設備
2	畜牧業	8	水車	14	鐵製蒸汽船	20	電腦
3	冶煉礦石	9	三帆帆船	15	內燃機	21	Lean 生產方式
4	輪子	10	印刷	16	電	22	網路
5	文字	11	蒸汽機	17	汽車	23	生命科學
6	青銅	12	工廠系統	18	飛機	24	奈米技術

出處：Lipsey, R. G. & K. I. Carlaw（2008）, "Economic Transformation: GPT and Long-term Economic Growth," Oxford University Press.

用技術便主導了工業與社會革命，18 世紀末的蒸汽機、20 世紀初的電力、20 世紀末的網路等，都是通用技術的主要例子。[7] 網路時代會被稱為革命的原因，正是因為網路、電腦這樣的通用技術對產業與社會帶來了巨大的影響。

元宇宙綜合應用了許多通用技術，虛擬與現實的分界也因此逐漸消失。應用在元宇宙裡的代表性通用技術包含：虛擬融合技術（XR: extended reality）× 數據技術（D: data technology）× 網路（N: network）、人工智慧（A: artificial intelligence）等。XR 技術做為影響整體產業與社會的通用

· 虛擬融合（XR）技術領域的市場展望（單位：億美元）

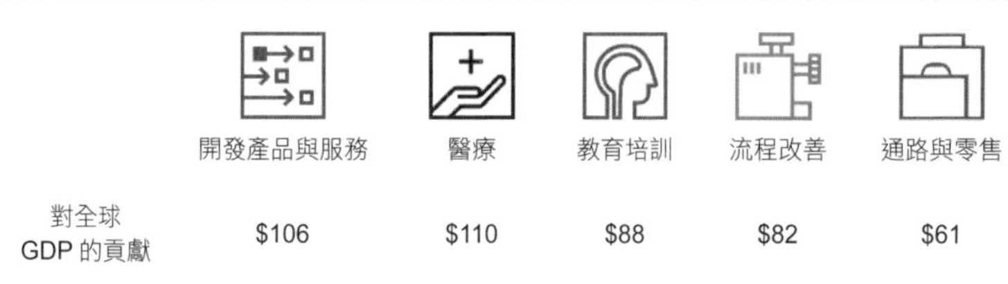

	開發產品與服務	醫療	教育培訓	流程改善	通路與零售
對全球 GDP 的貢獻	$106	$110	$88	$82	$61

出處：PwC（2019）, "Seeing is Believing: How VR and AR will transform business and the economy"

技術，[8] 徹底改變了人類與資訊互動的方式，未來也會被應用在產品與服務開發、醫療、訓練、流程創新、通路與零售等各領域。[9]

而大數據、5G 網路、AI 也都扮演引領創新的基礎設施角色，並具備廣泛應用在各產業及社會的特性。[10] 各領域運用 AI 所產生的效果如如下一頁圖所示。

總結來說，元宇宙的呈現利用了 XR 技術 + 數據技術（D）× 網路（N）× 人工智慧（A）等，是眾多通用技術的複合體。藉由連結現實世界與元宇宙，創造出前所未有的價值。整合 XR + D.N.A 技術，就能夠提供更精密、即時的互動。當智慧型 XR 技術服務的機動性達到最高點時，元宇宙就能擴大運用在所有產業上。

· 各領域的人工智慧運用效果

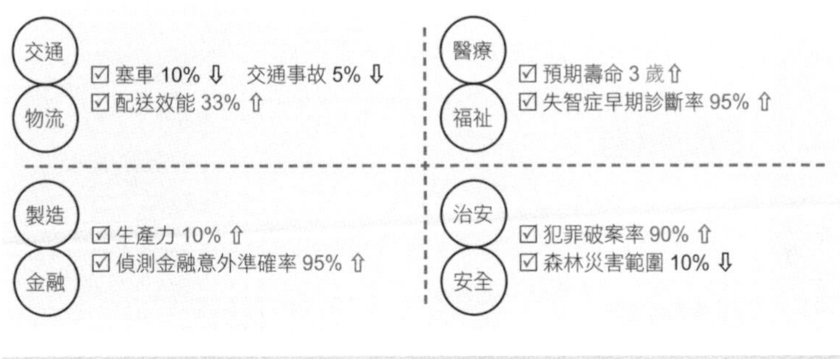

出處：相關部門聯合（2019），「人工智慧國家策略」

▶ 體驗經濟時代來臨

〈體驗經濟時代來臨〉（Welcome to the Experience Economy）是 1998 年發表於《哈佛商業評論》（*Harvard Business Review*）的文章，當時以體驗層面來分析經濟價值的發展，獲得了廣大的迴響。作者約瑟夫・派恩（Joseph Pine II）認為農業經濟的結構是提取、使用未加工的原料，當大量生產的機制出現後，則轉變為以產品為中心的經濟方式，再發展為服務經濟。派恩進而提出了繼服務經濟之後的全新經濟價值的核心概念──體驗（experience）。

· 元宇宙與複合通用技術

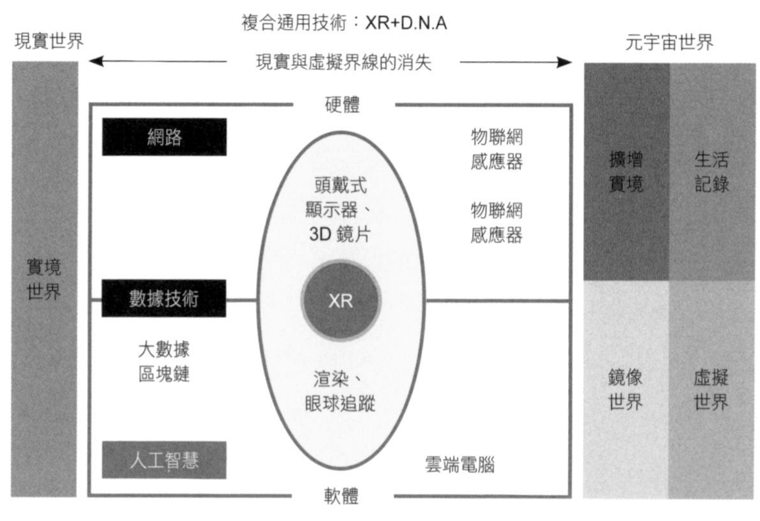

出處：軟體政策研究所（2021），「登入元宇宙：人類 × 空間 × 時間革命」

消費者對於能做為回憶的個人化體驗有較高的付費意願，而能提供相符的產品與服務便是「體驗經濟」（experience economy）的關鍵。[11]

以咖啡為例，咖啡的原料咖啡豆在農業經濟時代是透過栽種、摘取使用，之後是透過大量生產機制進行製造與供給，最後再發展成服務產業。目前咖啡則因為星巴克而重生成為體驗經濟的原料。星巴克咖啡的咖啡豆成本平均

· 透過 XR + D.N.A 擴大體驗領域

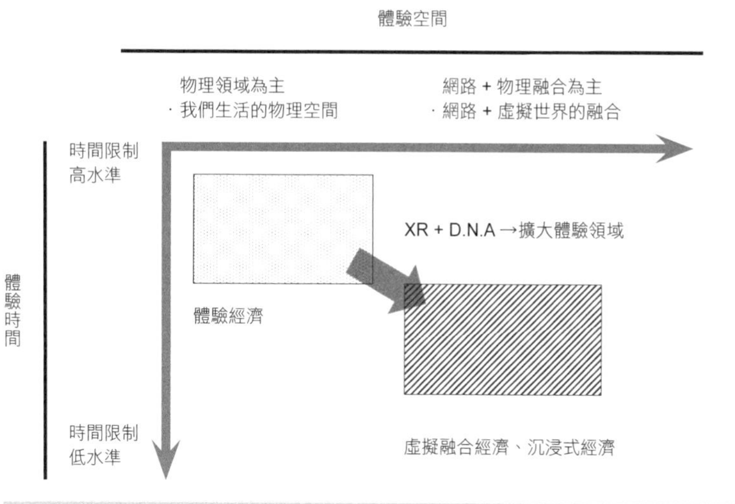

出處：John Dewey（1938），互動為代表性的體驗論思想（空間整合）。運用連續性（時間整合）原理[12]撰寫

1 杯約為 14 韓元（約為新台幣 0.34 元）❷，但消費者所支付的價格超過 4 千韓元（約為新台幣 93.5 元）。[13] 體驗經濟的概念從出現至今已過了 20 年，目前體驗經濟正朝著虛擬融合經濟或沉浸式經濟（immersive economy）[14] 發展，而造成此變化的技術動力便是 XR + D.N.A。虛擬融合經濟是

❷ 編按：本書換算韓元、美元、歐元及日圓時，都採用 2021 年 11 月底的匯率。

應用了 XR 技術，將經濟活動（工作／休閒／社交）的空間從現實世界延伸至虛擬／融合世界，創造出新的體驗與經濟價值的一種經濟型態。[15] 因此，XR + D.N.A 技術在時間、空間上將能擴張至體驗層面，提供虛擬與現實融合的體驗價值。

現在我們能夠透過行動裝置預先訂購星巴克咖啡，抵達門市時不用排隊就可以取餐。體驗的價值已經發展到網路層面。現在，經濟價值正朝向虛擬與現實融合的元宇宙體驗發展。上海星巴克臻選咖啡烘焙工坊（Reserve Roastery）為了提升元宇宙體驗，與阿里巴巴攜手合作，讓咖啡生產與烘焙的過程可以透過 AR 的 app 一探究竟。顧客能夠在上海星巴克臻選咖啡烘焙工坊中體驗製作咖啡的完整過程，同時也能品嚐咖啡；即使沒有下載、安裝 app，也可以掃描門市內的 QRcode 觀看 AR 的詳細資訊。例如掃描門市中間圓筒鍋爐的 QRcode，便可以知道那是完成烘焙的咖啡豆進行熟成的地方。像這樣，經濟價值從農業經濟、工業經濟發展為服務經濟，並朝向虛擬融合經濟前進，元宇宙體驗也正在創造全新的價值。

·經濟價值的進化與虛擬融合經濟

元宇宙時代的經濟模式，虛擬融合經濟

- 經濟價值是以製造→服務→經驗之進化，體驗是以線下→線上→沉浸式型態提升
- 虛擬融合經濟：利用 XR 經濟活動（工作、休閒、社交）空間從現實延伸到虛擬融合空間創造新的經驗與經濟價值

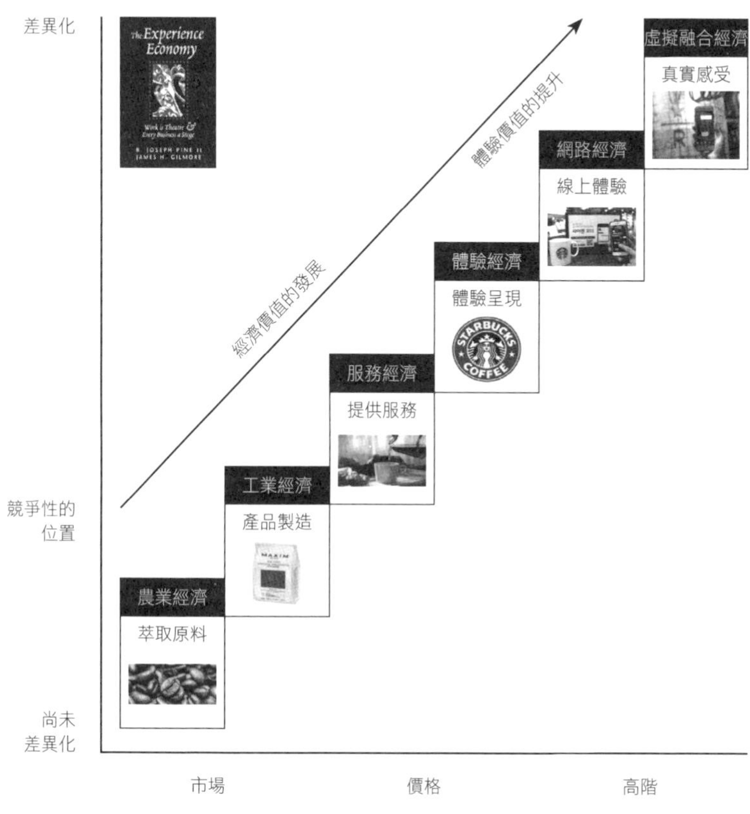

出處：B. Joseph Pine II & James H. Gilmore, "Welcome to the Experience Economy," *Harvard Business Review*, July-August, 1998 以此為基礎重繪

在元宇宙時代可透過複合通用技術傳遞差異化的體驗價值 4I（immersion, interaction, imagination, intelligence）[16]，也能藉此設計出超越時間、空間的全新體驗。MBC 播出的 VR 紀錄片《遇見你》，是關於媽媽與過世的女兒相見並共度時光的虛擬融合故事。可以想像（imagination）現實中不可能發生的事，運用人工智慧（intelligence）呈現出現實世界中已不存在的女兒，並使用可以有觸摸真實物體一樣感覺的觸感手套（haptic glove）進行互動（interaction），就好像真的與女兒相見一樣，是個沉浸感（immersion）極高的體驗。透過創造出現實中不存在的人物，讓媽媽與女兒回到過去共同相處過的空間中，共度一段美好時光。藉由元宇宙，創造出超越人類與空間、時間的全新體驗。

▶ 下一個網路革命：元宇宙

若考量進步的便利性、互動性、畫面／空間的可擴展性、通用技術的特性與經濟價值的發展，元宇宙將會是繼網路之後帶來突破性變化的概念。元宇宙預告著虛擬與現實結合的全新革命，將會超越開啟網路時代的網路革命。

· 複合通用技術提供的差異化體驗價值 4I

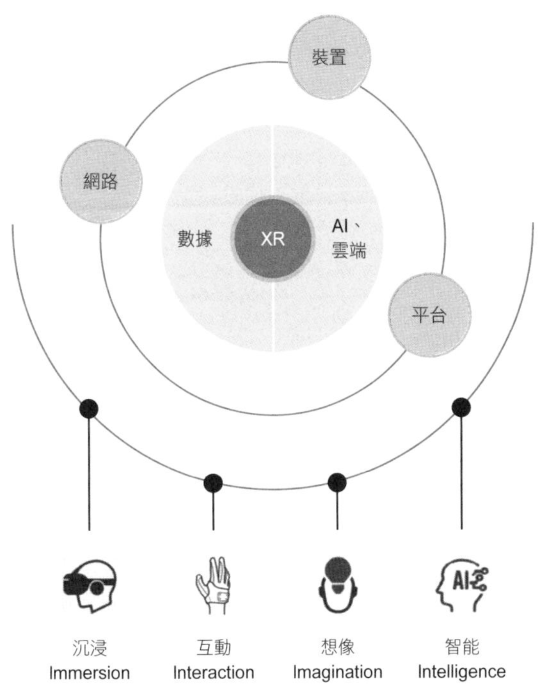

人	可以將與自己相同或全新創造的自己，製作成數位人類
空間	可以複製現在的物理空間，或設計出全新的想像空間
時間	可體現實際發生的過去或返回被重新創造出來的過去，並透過虛擬模擬探索預測的未來

出處：Qualcomm Technologies（2018）, Grigore C. Burdea & Philippe Coiffet（1993）重繪

・下一波（Next）網路革命：元宇宙

出處：NIPA（2020），「大韓民國沉浸式經濟大計畫，XR Transformation」

2

零接觸時代該關注元宇宙的原因

元宇宙革命將會透過創新方式克服既有網路時代的限制，並創造出體驗價值。而且元宇宙革命的範疇並不限於特定產業，而是擴及整體的產業與社會。既存的 2D 畫面線上教學與視訊會議所感受到的沉悶感，將會在有無限空間與資料可運用的元宇宙空間中進行。再也不需要煩惱上網購買的衣服與鞋子尺寸不符，或是不適合自己。而就企業角度而言，生產、管理、營運等企業活動將能超越時間與空間，開發所需時間也能有效縮減。

「過去 1 年間幾乎看不到跨國移動與旅遊，也無法在密閉場所群聚、進行交際活動，這樣的日常生活似乎讓人有些遺憾。我認為這樣的生活體驗進化至虛擬世界，也就是進化至元宇宙的時間，將會提前10年。」藉由SK電訊執行長的發言也可以知道，新冠疫情使許多交流都改為零接觸的方式，元宇宙也因此受到矚目。元宇宙開始嶄露頭角，它將能改變人們溝通、工作、玩樂的方式，即使在新冠疫情的危機狀況之下，也能為社會注入活力，引領經濟成長、改變遊戲規則。為什麼在零接觸的狀況下，元宇宙會受到更多的矚目呢？

▶ 用說的，不如在虛擬世界碰個面吧

在零接觸的狀況下，相較於既存的2D線上溝通方式，善用元宇宙平台便能交流更豐富的資訊。根據媒體豐富性（media richness）[17]理論，為了達到有效的溝通，對應欲傳達資訊的複雜性，必須有能夠充分傳遞資訊的溝通手段。[18]若要傳達簡單的資訊，透過電子郵件或簡訊就能夠溝通；若是要解決非常複雜的狀況或問題，面對面利用各種資料進行討論會是比較好的方式。要傳達的資訊越複雜，便越

· 媒體豐富性

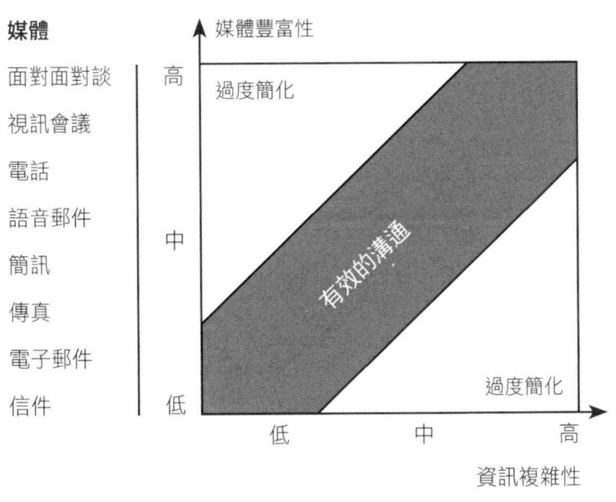

出處：Daft, R. L.（1986）, “Organizational Information Requirements, Media Richness andStructural Design”, *Management Science*.

需要電話、視訊會議、面對面的對話等語言訊息，以及聲音、表情、動作等語言以外的訊息。溝通的過程中，非語言的表達非常重要。

根據麥拉賓（Albert Mehrabian）的「7-38-55 法則」（The Law of Mehrabian），溝通過程中透過語言所獲得的資訊只占了 7%，其餘的 93% 則是來自語調（38%）以及動作、表情、姿勢等非語言訊息（55%）。[19] 相較於 2D 畫面的線上溝通方式，元宇宙可以將視覺、聲音、肢體語言、臉部表情等不同資訊綜合應用於溝通過程中。這樣運用元宇宙，便能在多種虛擬空間裡傳達資訊，也能讓使用者更專注、溝通更有效。根據 MeetinVR 的數據，參與 VR 會議的專注度比一般視訊會議高出了 25%。

讓我們來回想一下視訊會議的經驗吧！你在會議過程中是否也做了其他的事情？例如吃東西、寄 email 或是發送簡訊？根據《哈佛商業評論》的研究結果，視訊會議的參與者在會議過程中也會把時間花在別的事情上，像是處理其他業務、發送電子郵件、飲食、使用簡訊或社群媒體、進行網購等，造成專注力下降。與會者將會議參與模式設定為靜音，也是為了與他人交談、去化妝室、接聽其他電話等理由。

從不同角度來比較實體會議、線上會議以及元宇宙會議，便可以知道為什麼元宇宙在零接觸時代相當實用。這三種會議都可以進行報告與討論。但若有需要設置展示品，線上會議就有所侷限，元宇宙會議卻可以使用 3D 展示品，而且參與者的投入程度也會比較高。另一方面，元宇宙會議的投入程度雖然低於實體會議，但是參與會議的費用與時間相對較低，也可以針對參與者較感興趣並且積極參與的內容進行分析。

· 比較實體、線上、元宇宙會議

因素	線下會議	線上會議	元宇宙會議
發表	可能	可能	可能
討論	可能	可能	可能
展示	可能	限制	可能（使用 3D 顯示）
交際／互動	可能	限制	可能（使用虛擬人物）
即時數據分析	限制	可能	可能
參與成本／時間	高	低	低
沉浸程度	高	一般	高

出處：軟體政策研究所（2020），「遠距時代的遊戲改變者，XR」

▶ 打破第四道牆，活進故事中

所謂的「第四道牆」（the 4th wall）是指打造出劇場舞台的三面牆之外，舞台與觀眾席之間的透明牆壁。這是一道沒有真實存在、想像中的牆。觀眾隔著這道牆來觀看舞台上演員們展現出的模樣，且能沉浸於舞台所帶來的表演效果。演員們彷彿觀眾不存在似地思考、演出。[20] 而現在，元宇宙將能打破第四道牆，讓使用者不再只是觀眾，而是可以藉由實際參與來行動、體驗，進而成為參與者。在元宇宙的環境中，第四道牆將因為互動而消失。

・針對視訊會議參與者的行為調查結果

員工會在視訊會議期間採取何種行為？

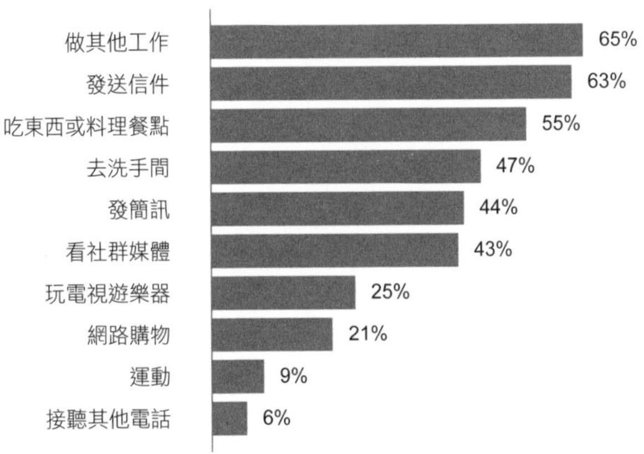

員工會在視訊會議時，設為靜音的 5 個理由

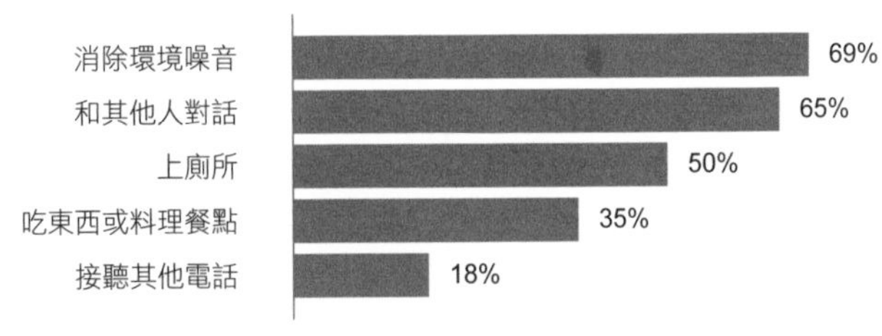

出處：Gretchen Gavett, "What People Are Really Doing When They're on a Conference Call" *Harvard Business Review*, 2014

· 比較媒體豐富性、專注度（上）與空間／時間／費用上的限制程度

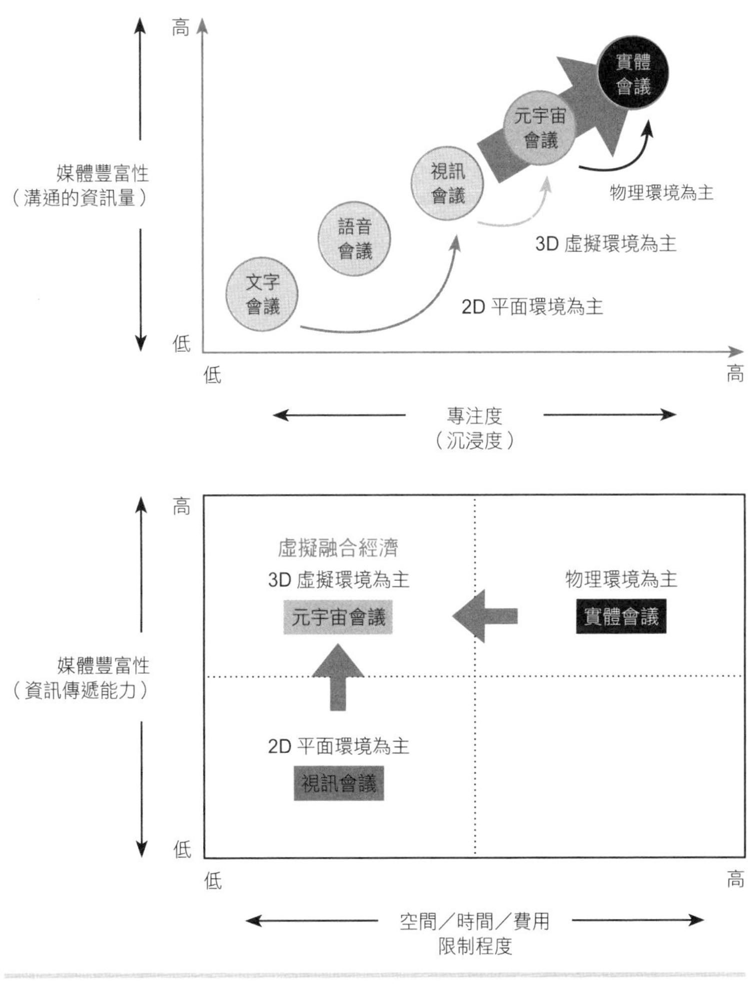

出處：軟體政策研究所（2020），「遠距時代的遊戲改變者，XR」

倫敦大學的馬可・吉里斯（Marco Gillies）教授談到體現元宇宙的沉浸式科技（immersive technology）時這麼說：「沉浸式科技中不存在第四道牆，我們都實際存在於故事世界之中。不會有形而上的隔閡把我們和故事角色隔開，我們和他們都在同一個空間裡。」在網路時代，我們幾乎都是聽創作者說故事，消費這些內容。但是在元宇宙時代，人們可以親身參與故事，並如同主角一樣一起感受故事。對於元宇宙，盧卡斯影業的遊戲實驗室負責人薇琪・道布斯・貝克（Vicki Dobbs Beck）如此說道：「想要參與精彩故事並共同創作是人的本性，重要的不是『說故事』（story telling），而是親自體驗故事並『活進故事中』（story living）。」[21]

沒有第四道牆的元宇宙空間，可以形塑出與實際見面相似的體驗與共鳴。

▶ 與虛擬化身合而為一

所謂「身體擁有感」（body ownership）是指我的身體屬於自己的一種感覺，是專屬於人類的特別感覺。人類的大腦可以透過視覺、觸覺的學習，將自己身體以外的東西辨識成自己的身體。[22] 橡膠手錯覺（rubber hand illusion）實驗就是代表性的例子，能使人在特定狀況下把橡膠手當作自己真正的手。橡膠手錯覺實驗是 1998 年刊載於科學期刊《自然》（*Nature*）後引起極大話題的研究，若受試者看到的橡膠手與他看不見的真手同時接受一樣的刺激（筆刷），就會將橡膠手誤認成自己的真手。這個現象會出現，是因為大腦透過視覺與觸覺，慣性認為橡膠手是自己身體的緣故。[23]

在元宇宙中也能夠體現身體擁有感，因此使用者的沉浸感與體驗價值也能提高。運用戴在頭上的頭戴式顯示器所做的身體擁有感實驗，也得到與橡膠手錯覺實驗相似的結果。透過頭戴式顯示器的畫面顯現出從第一人稱視角觀看的人形模特兒，實驗者同時觸摸受試者的身體與模特兒的身體一段時間後，用手在人形模特兒的身體給予刺激並測定受試者的反應，最後也出現了統計上顯著的實驗結果。[24]

除了前述實驗之外，在元宇宙之中也可以透過控制器、觸感手套等不同方式來傳遞感覺。電影《關鍵報告》

· 橡膠手錯覺實驗

出處：science.howstuffworks.com

（*Minority Report*）中登場的高科技手套已經成為現實。在虛擬空間中，我們可以透過手套這個全新的輸入裝置來操控資訊。這不只是在空氣中比劃手勢，如果你在虛擬空間中觸碰特定物體，你將會感受到它的觸感。

如果你透過頭戴式顯示器的控制器在虛擬空間碰觸物體，你可以仰賴震動來辨識物體，若是透過觸感手套，則可以傳遞更細緻的感覺。Teslasuit 所製造的 Tesla Glove 即是手套型態的控制器，使用者戴上手套並動一動手指，多種動作捕捉及生物辨識感測器（包含觸覺感測器）就會識別動作。透過這些，就能像《關鍵報告》一樣，在虛擬空

· 頭戴式顯示器體感實驗

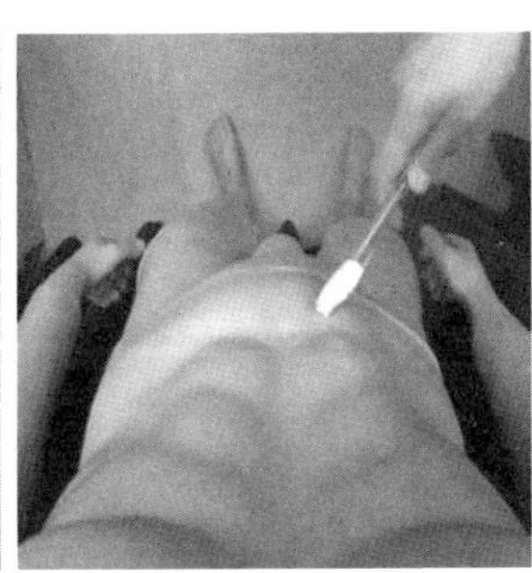

出處：Petkova, V. I., & Ehrsson, H. H.（2008）, "If I were you: perceptual illusion of body swapping. " PloS one, 3（12），e3832.

間中輸入許多信號。例如從頭戴式顯示器看到虛擬空間中有一隻虛擬的手，只要動一動現實中戴上手套的手，虛擬空間的手也會有相同的動作。Tesla Glove 的每根手指都有 9 個電極，能夠把 VR 中觸摸物體的觸感傳遞給使用者。除了偵測手腕與手指的動作外，觸感手套也會藉由測量脈搏來蒐集心率等資訊，還可以測量使用者因為壓力所產生的其他生理反應。

專攻 VR 的企業 HaptX 開發了能夠讓人感受到壓力與阻力的 VR 觸感手套，其測定力度回饋與動作追蹤的功能可達到毫米以下的精度。這是運用氣動式制動器，透過微

· Tesla Gloves 與 HaptX Gloves

出處：Teslasuit 與 HaptX 官方網站

流控技術讓微氣泡在手套內部形成物體的形狀，藉此提供回饋給使用者。[25]

▶ 用體驗催化學習與共感

使用者可以在 3D 的元宇宙環境中簡單、迅速地取得資訊。雖然物理世界是三度空間，但是人們使用的資料大多是 2D 的畫面與紙本，現實世界與數位世界之間的鴻溝使得許多資訊無法獲得善用。[26] 在由 XR + D.N.A 所建構的元宇宙中，數位圖像與數據可以在現實世界或虛擬實境中交疊，讓資訊在其適用的脈絡中呈現，使人能夠更快速簡便地理解資訊，並加以善用。相較於紙本、畫面為主的象徵體驗（symbolic experience），以實境為基礎的直接體驗更能加深記憶，[27] XR + D.N.A 技術扮演了將象徵體驗導向直接體驗的媒介。根據體驗金字塔（cone of experience）理論，人們對於閱讀的內容可以記得 10%，聆聽的聲音可記得 20%，但是實際體驗的東西則可記得 90%。[28]

在元宇宙的體驗效果也能延伸至使用者共感的部分。讓人透過 VR 進行街友體驗以後，居住援助請願的同意率便大幅上升；透過 VR 進行曼哈頓直升機體驗以後，紐約實體旅遊的簽約率增加了 190%；IKEA 推出了 VR 改造服務讓消費者進行體驗，消費者的品牌好感度也因而上升。[29]

▶ 新冠憂鬱與元宇宙

元宇宙的應用，讓人們能在同一地點參與許多不同的社交活動，也因此能舒緩「新冠憂鬱」（Corona blue）所帶來的疲憊與焦慮。由於新冠疫情長期化，造成新冠憂鬱的

· 體驗金字塔理論與 XR + D.N.A 的角色

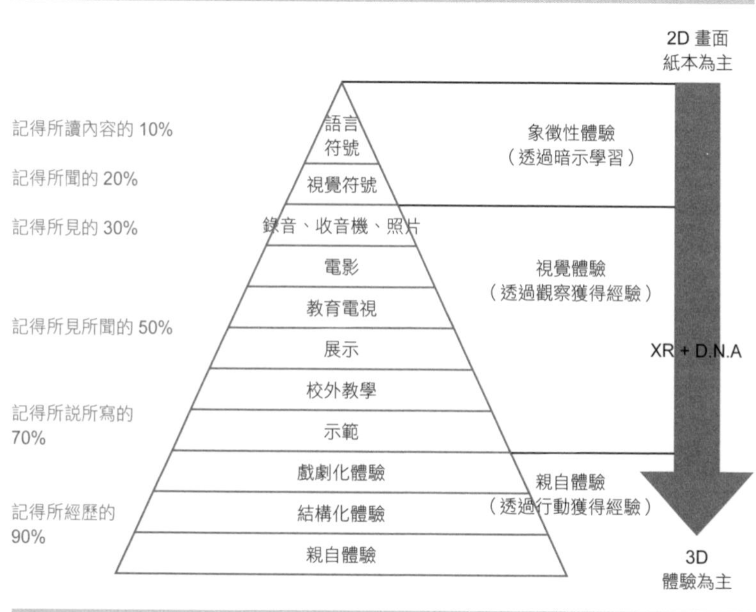

出處：Edgar Dale（1946, 1954, 1969）, Porter, Michael E., and James E. Heppelmann（2017），以此為基礎重繪

擴散。「新冠憂鬱」這個新詞是指因為新冠疫情讓日常生活產生巨大的變化與不便，進而造成憂鬱或無力等心理上的異常症狀。對於近期是否曾有過「新冠憂鬱」的經驗，54.7% 的人給予肯定的回答，其中「挫折感」(22.9%) 被選為令人感到憂鬱與不安的理由。[30] 在新冠疫情期間，「新

冠憂鬱」的搜尋量也迅速上升。

因新冠疫情而出現封閉、隔離或居家辦公的狀況，使人的多數社會角色都在同一個場所上演，「自我複雜性」（self-complexity）降低導致壓力增加。所謂的「自我複雜性」是指個人能夠認知到自己的樣貌有多麼多元，且能清楚區分這些多元樣貌的一種概念。擁有多元自我概念的人，若在其中一方面接收到壓力，其他方面的自我便能擔任緩和壓力的角色，也因此比起僅具備單一自我的人，較不容易有憂鬱症。[31] 法國歐洲工商管理學院（INSEAD）的詹皮耶羅．佩特葛萊里（Gianpiero Petriglieri）教授在 BBC 的訪談中表示：「我們的社會角色大多是在不同場所被喚

· 新冠憂鬱的搜尋量變化

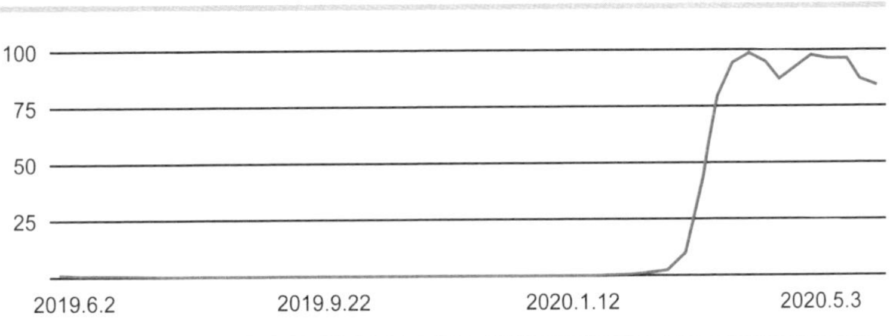

出處：軟體政策研究所（2020），「遠距時代的遊戲改變者，XR（eXtende Reality）」

起。想想看，在同一個酒吧中與教授對話、與父母見面、和某人約會。不覺得奇怪嗎？在這個引發焦慮的危機之中，我們被困在自己的空間裡。」在元宇宙中，即使在同一個場所，也能在不同的情境下扮演其社會角色，所以有助於解決上述問題。

3

元宇宙展翅高飛的條件

▶ 元宇宙又會放大家鴿子嗎？

從過去到現在，元宇宙的相關討論之中不斷出現的疑問便是「元宇宙什麼時候才會正式擴展？」Cyworld、《第二人生》推出時，元宇宙的擴展曾大受期待，但之後其受關注的程度便降低了，隨著寶可夢 GO 的出現才又再次獲得矚目。

然而，符合顧客期待的創新並未出現，再加上相關企業破產的消息四起，元宇宙受到的質疑越來越多。開發智慧眼鏡超過 20 年的德國 ODG（Osterhout Design Group）

因為無法承受連年赤字，在 2019 年宣告破產；2013 年在美國成立的 Meta ❸ 以及 2010 年的創業公司 Daqri 也是因為相同原因破產。[32]

在那之後，隨著 5G 普及，大眾對於使用 5G 的超擬真服務產生興趣，相關的成功案例也陸續出現，元宇宙才再次受到關注。這一次，元宇宙真的能夠擴展嗎？還是元宇宙又會放大家鴿子呢？

元宇宙能否正式擴展，可以從三個層面提出疑問。第一個問題是：「主導元宇宙革命的平台是否出現？」如同過去的手機革命，平台會形成新的生態圈，因而出現的網路效果能夠推動裝置與服務共同成長，並促成更多創新。因此，必須檢視在元宇宙平台上，是不是任何人都能以簡單、快速且低成本的方式進行創作或參與，以及實際上有哪些案例、用戶群是否充足等。第二個問題是：「元宇宙領域的技術創新是現在進行式，但是這個創新能否持續？」技術創新帶來的功能提升、成本下降是元宇宙普及化的重要因素；而持續主導元宇宙技術創新的市場參與者是否存

❸ 編按：這間 Meta 公司與前身為臉書、在 2021 年改名 Meta 的公司是不同的公司。

在，也會是元宇宙擴展的重要條件。第三個問題是：「元宇宙領域是否獲得投資？」實際握有資金的投資者是否真的將元宇宙企業視為未來的投資對象，而不只是跟風流行，這將是決定元宇宙能否擴展的一大因素。因此，要從平台、技術創新、投資的觀點來看元宇宙究竟能否展翅高飛。

▶ 元宇宙起飛的原動力

元宇宙因為與遊戲、社群網路等服務平台結合，所以正在迅速擴展。若既存的遊戲以任務解決、消費為主，在元宇宙平台的使用者便能用自己的創意製造虛擬資產（virtual asset）並創造收益，也能與其他使用者一起表演，進行許多社會、文化上的交流，這與既存的平台不同。由於元宇宙平台的參與者具備收益模式，全世界的參與者也迅速增加，這種平台預料將成為元宇宙擴展的原動力。

元宇宙平台企業借著與許多智慧財產權（intellectual property, IP）業經營者建立合作關係，迅速擴張事業版圖。包含時尚、娛樂、製造、廣播、教育、公共服務等許

· 元宇宙遊戲，社群網路服務平台案例

分類		內容
Roblox （遊戲）	ROBLOX	· 全球用戶：1 億 6,400 萬人（截至 2020 年 8 月為止） · 可自己創建的虛擬世界並即時體驗遊戲的平台 · 存在靠遊戲開發、道具販售年賺 10 萬美元（約 1 億 1,200 萬韓元）的玩家 · 虛擬貨幣 Robux 可通用，完整具備經濟生態圈的第 2 現實世界
Minecraft （遊戲）	MINECRAF	· 全球用戶：1 億 1,200 萬人（截至 2019 年為止） · 像樂高一樣隨意堆疊積木，創造新虛擬世界的遊戲 · 2011 開始服務後，2014 年微軟以 3 兆韓元收購
要塞英雄 （遊戲）		· 全球用戶：3 億 5,000 萬人（截至 2020 年 5 月為止） · 2017 年上市，與大逃殺遊戲一起組隊，玩家們可以在皇家派對空間共同享樂，度過愉快的時光 · 美國嘻哈歌手崔維斯．史考特在要塞英雄舉辦的虛擬演唱會，銷售額比線下高出 10 倍
Zepeto （SNS）	ZEPETO	· 全球用戶：2 億人（截至 2020 年底） · 以 3D 虛擬角色為基礎的社群服務 · 用戶可製作 AR 時尚道具等創造營收 · 在 ZEPETO 舉辦的活動中，Blackpink 粉絲簽名會的瀏覽人數（view）突破 3 千萬、虛擬人物表演的瀏覽人數則突破 4 千萬
Sandbox （遊戲）	SANDBOX	· 以區塊鏈為基礎的虛擬遊戲、生活平台 · 平台內流通的代幣（SAND）可以在虛擬貨幣交易所 Upbit 和 Bithumb 進行交易
Decentra- land （生活）		· 以區塊鏈為基礎的虛擬世界平台 · 由玩家親自設定名字與虛擬角色後，探險虛擬世界 · 用戶有投票權決定所有改版、土地拍賣等所有與社群有關的表決內容。即便是開發商也不能未經玩家同事就任意更改遊戲世界觀

出處：以主要媒體報導與官網資料為基礎 SPRYi Analysis

· 元宇宙平台與 IP 業者的合作案例

分類		內容
Gucci （時尚）		· 以 SNS 為基礎的元宇宙平台 ZEPETO 合作，推出使用 GUCCI IP 的虛擬人物時尚單品，並打造品牌推廣專屬空間 · 與手遊網球遊戲《網球傳奇 Tennis Clash》合作，推出遊戲內的角色服裝，該服裝也可以在真實的 GUCCI 網站購買
LOUIS VUITTON （時尚）		· 以遊戲為基礎的元宇宙平台 LOL 合作，開發並推出了使用 LV IP 的角色服裝、鞋子、包包、飾品等，共 47 種道具
Nike （時尚）		· 與 ZEPETO 合作，推出虛擬角色鞋子等時尚單品。與元宇宙平台要塞英雄合作，推出虛擬角色鞋子
YG、JYP 等 （娛樂公司）		· 在 ZEPETO 為旗下藝人打造專屬虛擬空間，並配置旗下藝人的虛擬角色來舉辦簽名會、表演等活動
迪士尼 （娛樂公司）		· 在 ZEPETO 推出運用冰雪奇緣角色的虛擬角色 · 在要塞英雄推出運用漫威角色的虛擬角色服裝等道具
LG 電子 （製造）		· 在遊戲元宇宙平台動物森友會遊戲空間介紹 LG OLED TV，並建置 OLED ISLAND 舉辦遊戲活動
DIA TV （廣播）		· ZEPETO 和 CJ ENM 的單人創作支援事業 DIA TV 簽屬合作夥伴關係，共同合作促進 DIA TV 的 YouTuber 跨足 ZEPETO 發展，以及幫助 ZEPETO 的網紅跨足成為 YouTuber
順天鄉大學 （教育）		· 在 SKT 元宇宙平台的 JUMP VR 建置順天鄉大學本校區的運動場後，校長與新生以虛擬角色的方式舉行開學典禮
韓國觀光公社 （公共）		· 在 ZEPETO 建置模擬益善洞、漢江公園等首爾觀光景點，以國外用戶為對象進行韓國旅遊宣傳活動

出處：根據相關媒體報導與官網資料編寫

多領域的 IP 業經營者全都投身其中，他們將青少年與 20 多歲的族群——也就是元宇宙的主要使用者——視為主要消費者與宣傳、溝通的對象。IP 業經營者在虛擬空間中，能夠不受時間與空間的限制進行宣傳並創造額外收益，而元宇宙平台則能提供使用者更多元、差異化的使用者體驗。元宇宙使用者會購買特定 IP 的物品（包包、衣服等），讓自己的虛擬化身穿戴、使用，或是購買相似的實體商品。

IP 業經營者以自家 IP 為主，自行建構出全新元宇宙平台的例子也逐漸增加。透過自家的元宇宙平台，可以推動與其他 IP 業經營者、平台企業的合作，以提供最適合自家 IP 的元宇宙服務，並鞏固事業成長的機會。

元宇宙平台具有以下優點，包含不受時空限制的擴展性、與現實世界相似的真實存在感、和 10-20 世代這些未來潛在顧客具有高連結度，以及以社群為中心的凝聚力。這些優點吸引了全球精品品牌企業、IT 巨擘等 IP 業經營者爭相投入元宇宙平台。擁有有形、無形 IP 的企業經營者透過虛實結合的元宇宙能夠加強 IP 的運用、開發新的顧客群、提高品牌價值，進而提高銷售。迪士尼樂園便計畫要運用 AR、AI 和物聯網（IoT），將現實與虛擬結合，推出一個全新的「說故事」（storytelling）主題樂園元宇宙。[33]

在未來，元宇宙平台的市場將出現合作與競爭，元宇宙平台企業會尋求與 IP 業經營者擴大合作，但有些 IP 業經營者則會建構自己的元宇宙平台。除此之外，元宇宙平台也會再細分為以大眾為主，提供多元服務、類似入口網站概念的元宇宙平台，以及針對特定領域需求提供專業服務的元宇宙平台。

▶ 擴及各產業的元宇宙平台

元宇宙製作平台的應用領域正從遊戲擴展至各產業，持續進化的平台也不斷出現。過去主要使用於製作遊戲虛擬世界的 Unity、Unreal 等開發引擎平台，最近也擴大應用在許多不同的產業，開發者的生態圈亦逐漸擴大。

Unity 將虛擬遊戲製作平台的競爭力擴大至建設、工程、汽車設計、自動 駕駛等其他產業。Unity 執行長里奇蒂耶洛表示：「Unity 正將產業範圍擴大至建設、工程、汽車設計、自動駕駛汽車等領域，各個產業領域所具備的市場潛力將會超越遊戲產業。」Unity 於 2004 年成立，智慧型手機平台上的遊戲約有一半都是使用 Unity 引擎製作，全球每個月的遊戲下載量超過 50 億次。任天堂 Switch 遊戲的 70%、Xbox 與 PlayStation 遊戲的 30-40% 都是以 Unity 引擎開發而成，而 Unity 在個人電腦遊戲市場的占有率達到 40%。此外，在使用微軟 HoloLens 的 AR 軟體市場中，Unity 的市占率高達 90%，具有很強的競爭力。

Unreal 則是 Epic Games 所開發的遊戲引擎，可以呈現出與現實難以區分的高品質影像，多使用於大型遊戲，最近也被應用在許多產業領域。NCsoft 的《天堂 2M》、納克森（Nexon）的 V4、《跑跑卡丁車：飄移》等都是用 Unreal 引擎製作而成，另外還有 Disney + 所製作的星際大戰系列影集《曼達洛人》（*The Mandalorian*）、HBO 影集《權力遊戲》（*Game of Thrones*）的視覺預覽（previsualization）、電影《海雲台》的電腦圖像（CG）／視覺效果等。天氣頻道的虛擬播報室以及平昌冬季奧運開幕式的 AR 效果等廣播電視領域也有應用。此外，Unreal 引擎也在汽車產業受到重用，幫助 BMW、奧迪、麥拉倫、法拉利等進行汽車設計與視覺化，並推動客製化銷售。同樣的情形也發生在建築領域，像是設計出東大門設計廣場的扎哈·哈蒂（Zaha Hadid）以及三星來美安公寓，都是其中的例子。

Google 與蘋果（Apple）也各自發表能夠輕鬆建構 AR app 的開發平台「ARCore」與「ARKit」，並且推出許多運用了這些 app 的 AR 服務。運用「ARCore」、「ARKit」便能輕鬆製作 AR 遊戲。開發寶可夢的軟體開發公司 Niantic 也推出了 AR 開發者工具套件（ARDK）Niantic Lightship。Niantic Lightship 是綜合了 Niantic 平台的全新名稱，包含了既存 Niantic 現實世界的開發工具與 Niantic 遊戲服務，寶可夢 GO 也運用了這個平台。透過這個開發平台，開發者可以製作出提供極高沉浸感的 AR app。

運用元宇宙製作平台的開發者生態圈正持續擴大。目前有 50 萬名以上的學生正透過 Unity 引擎學習 3D 世界建構工程，預計數年以內，這樣的學生將會突破 100 萬名。如同手機 app 在全世界已有多達 1 千 2 百萬名開發者，未來也會形成眾多 3D 虛擬現實開發者的生態圈。[34]

支援產業用元宇宙的全新平台也不斷登場，可以想見進化的速度會加快。AI 運算技術領域中的先驅——美國公司輝達發表了「Omniverse」平台，透過協作打造與現實相似的虛擬世界。輝達執行長黃仁勳認為「元宇宙並非僅存在於遊戲之中」，他暗示了元宇宙應用在各種產業的可能性。Omniverse 藉由彈性作業環境，協助開發者打造元宇宙平台。透過 Omniverse，每個人都可以在不同的地點共同作業。有人建立模型、有人上色、有人負責燈光、有人以照相機攝影，而總監則監督這個過程。現行作業是採一個人結束作業以後，再進行下一個作業的序列型態；Omniverse 則是能讓所有人同時作業，並能立即進行確認的系統。[35]

▶ 創造虛擬人

2018 年《時代雜誌》（*TIME*）評選出網路上「最具影響力的 25 人」，其中一位是「米凱菈」（Lil Miquela）。至 2021 年 4 月為止，米凱菈在 IG 擁有 305 萬名追蹤者，她是美國 AI 創業公司 Brud 在 2016 年所創造的虛擬人（virtual human）。她既是模特兒也是音樂家，不僅擔任過 Chanel、Prada 的模特兒，還推出個人專輯，並曾名列 Spotify 英國排行第 8 名。她也曾與真人——美國歌手堤亞娜．泰勒

·運用輝達 Omniverse 的虛擬空間

出處：NVIDIA 官方網站

（Teyana Taylor）——合作演唱《機器》（*Machine*）；她還推出了個人的服飾品牌 Club 404。根據英國網路購物公司 OnBuy 的數據推算，米凱菈在 2020 年的收益高達 1,170 萬美元（約新台幣 3 億 2 千多萬元）。如果能夠免費、簡單又迅速地創造出這樣的虛擬人，你覺得如何呢？

能夠簡單創造虛擬人的平台不斷出現。隨著元宇宙的擴展，運用虛擬人的範圍也變大了。虛擬人是指樣貌、行為與人類相似的 3D 虛擬人。[36] 透過高水準的電腦圖像技術，就能夠打造出難以與真人臉孔做出區別的超寫真型

· 虛擬人物 Lil Miquela 的 IG 與照片

出處：Lil Miquela 的 IG

態。將語音辨識、自然語言處理、語音合成等與 AI 結合的技術，已經達到能像真人一樣反應、對話的程度了。

為了要在元宇宙空間達成類似實際面對面的有效溝通，必須為虛擬角色打造出宛若真人的臉孔、表情、動作等。人們在溝通時，語言所占的比例只有 7%，剩下的 93% 則包括語調（38%）以及動作、表情、姿勢等非語言部分（55%）。[37] 藉由傳遞非語言訊息，包含臉部笑容、皺眉等情緒反應，便能與對方建立情感連結並產生共鳴。與人類臉孔、表情相似的虛擬人，將會成為人們在元宇宙空間中能夠更舒適、親密對談的服務橋接角色。

過去製作虛擬人需要很多的成本、時間及專業技術，但是近期隨著 AI、雲端、電腦圖像等技術的發展，讓製作虛擬人變得更容易。Epic Games 推出了任何人都能輕鬆創造虛擬人的 MetaHuman Creator。過去創造虛擬人需要花費數個月，透過這個工具，便能縮減至不到 1 小時的時間。

美國數位人類開發公司 UneeQ 以自家創造的 9 位虛擬人的特質為基礎，發表了能夠簡單創造虛擬人，稱為 Creator 的「虛擬人類開發平台」。此外，美國的 AI 公司 IPsoft 發表了能夠自製互動式虛擬人的「數位員工創建工具」（Digital Employee Builder），而總公司位於舊金山的 Soul Machines 則發表了能夠創造虛擬人的雲端開發工具「數位 DNA 工作室」（Digital DNA™ Studio）。

隨著這些快速創造虛擬人的開發工具接連推出，創造虛擬人的專業性民主化（democratization of expertise）也得以實現。[38] 因為沒有專業人力的企業也能將虛擬人應用在自家服務上，因而開發出不同領域的全新應用案例，進而創造新商機。隨著對話式 AI 服務（例如 AI 聊天機器人，又稱 Chatbot）與虛擬祕書（virtual assistant）等市場的成長，對於虛擬人的應用也會增加。對話式 AI 的市場每年平均成長 21.9%，在 2025 年市場規模將會擴大至 139 億美元（將近新台幣 4 千億元）。[39] 而虛擬祕書的部分，預計在

· MetaHuman Creator

出處：Unreal Engine 官網

2025 年會有 50% 的知識勞動者每天使用虛擬祕書。[40]

目前虛擬人被應用在娛樂、物流、教育、金融、廣播電視等不同領域中，未來的應用範圍將會持續擴大。在娛樂領域中，多元應用的案例包含了虛擬模特兒、歌手、演員、網紅、遊戲角色等。在物流或金融、廣播電視領域，則是應用在品牌、商品與服務的行銷宣傳，以及客戶服務、訊息公告等部分。在教育與訓練領域，則是應用於教師與教育訓練的對象（被諮詢者、患者、顧客等角色）；醫療保健領域則是應用在健康諮詢、運動指導等部分。根據美國市場研究機構「商業內幕情報」（Business Insider Intelligence）的報告，2022 年全世界運用虛擬人推動行銷策略的金額預計將高達 150 億美元（約新台幣 4 千多億元）。

· 虛擬人的案例

出處：根據主要媒體報導及官網資料重新整理繪製

▶ 在元宇宙平台上班

韓國不動產公司Zigbang的員工每天都到元宇宙上班。Zigbang 沒有傳統的實體辦公室，200 多位員工都在自己選擇的地方工作。在各首都據點設置的 Zigbang 工作室則是做為外部會議或實體活動時，員工們能夠自由運用的空間。既有的總公司辦公室也是設立在據點工作室中。Zigbang 工作室是一個不同於辦公室的全新空間，與「WeWork」這類共享辦公室的概念也不一樣。Zigbang 工作室是一種類似機場大廳的空間，員工可以自由選擇要做為實體企劃或是會議的空間來工作。目前 Zigbang 導入並使用的元宇宙辦公平台為「Gather Town」。

元宇宙辦公平台引領著全新溝通與工作方式的改變。而原本就已存在多個元宇宙辦公平台，[41] 在零接觸時代，平台的數量更是快速成長。元宇宙辦公平台試圖將實體經驗完整移植到虛擬空間中，Gather Town 便是其中的代表。Gather Town 可透過遊戲與畫面呈現出實體辦公室，只能與虛擬化身周遭範圍的他人對話，當距離越遠，雙方之間的連結便會中斷，也無法看到和聽到對方。

· 元宇宙工作平台

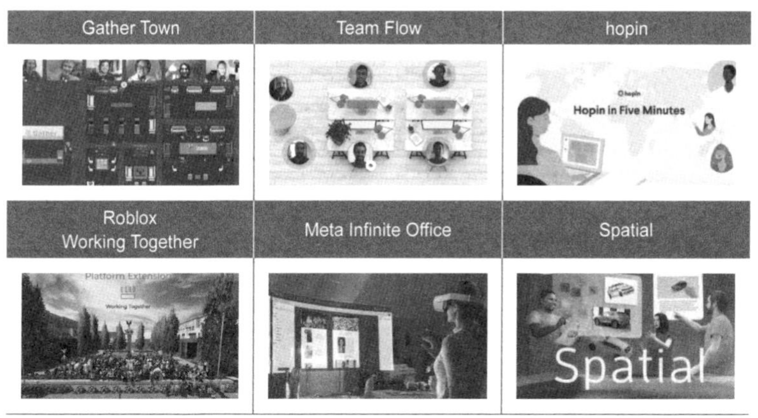

出處：根據主要媒體報導與官網資料重繪

Team Flow 平台的做法也和 Gather Town 相似，盡可能以虛擬方式完整呈現實體辦公的環境，例如虛擬會議室中也可以擺放、使用文件，就如同在實體會議桌上放置資料一樣。hopin 也藉由虛擬辦公平台，在 1 年內成長為市值 2 兆韓元的公司。[42] 該平台的同時上線人數為 10 萬名，以 2020 年 10 月為基準，超過 3 萬個企業與團體使用這項服務，所舉辦的活動也已經達到 4 萬 6 千場了。

遊戲、生活交流的元宇宙正嘗試轉變為辦公平台，嶄

· 微軟混合實境合作平台（Mesh）

出處：www.microsoft.com

新的元宇宙辦公平台將會持續登場。Roblox 在「投資者日」（Investor Day）發表了辦公平台的發展計畫。Meta 公司也在「2020 Facebook Connect」大會中發表了「無限辦公室」（Infinite Office）平台，透過這個平台，只要配戴 VR 裝置 Oculus Quest，即便沒有電腦也能在虛擬辦公室工作。提供 VR 基礎遠距協作工具的「Spatial」公司，其服務使用量較新冠疫情爆發前成長了 10 倍以上，[43] 也因此備受矚目。

微軟也公開發表了引領元宇宙時代的工作及協作平台 Microsoft Mesh。Microsoft Mesh 是一個支援混合實境（MR）的平台，讓使用者即使在不同地方，也能感覺彼此身處同一個空間。透過 Microsoft Mesh，教育、建設、設計、醫療等許多領域進行合作時，便能夠不受時間、空間的限制。隨著 2D 版本的微軟合作平台進化、整合成 3D 版本的 Microsoft Mesh，將能與更多的產業跨領域合作。微軟計畫未來會將 Microsoft Mesh 與 Microsoft Teams、Microsoft Dynamics 365 進行整合，開展無限的可能性，並支援合作夥伴進行更多元的嘗試，以及提供全新生態圈的平台。

▶ 大眾化的日子近在眼前

由於技術創新的緣故，支援元宇宙的 VR 與 AR 沉浸式裝置的成本出現下降趨勢。這類裝置的平均成平在 1991 年為 4 千 1 百萬美元，至 2020 年降低為 2 萬美元。若相關創新出現如同過往手機的走勢，2030 年將有望降低至 1,700 美元。[44]

・比較主要 VR 裝置

	Oculus Quest2	Oculus Quest	Valve Index	HTC Vive Cosmos	HP Reverb G2
價格（$）	299	399	999	699	599
單眼像素	1832x1920	1440x1600	1440x1600	1440x1700	2160x2160
重量（公克）	503	571	809	645	550
畫面更新速率（Hz）	72-90	72	80-144	90	90

出處：The Verage（2020.9.16）, "Oculus Quest vs. Oculus Quest 2: what's the difference?"

Oculus 所推出的頭戴式顯示器 Oculus Quest2，是代表性 VR 裝置，在功能持續提升的狀況下，成本持續下降，這是典型的技術創新所顯現的型態。

Oculus Quest2 在銷售方面的表現，則帶動 VR 裝置的普及化。2020 年第 4 季開賣的 Oculus Quest2 在當季的銷售量約為 140 萬台，[45] 截至 2021 年 2 月為止，則銷售將近 500 萬台。[46] 第 1 季的銷售量與 2007 年 iPhone 推出時的 139 萬台銷售量相似。此外，Oculus Quest2 在推出 5 個月後便成為 AR 平台「Steam」上最多人使用的裝置（22.91%）。[47] 目前韓國由 SK 電訊銷售 Oculus Quest2，首波銷售數量在 3 天內賣光，第二波銷售數量則在 4 分鐘內

· **Oculus Quest2 與 iPhone 銷售量**

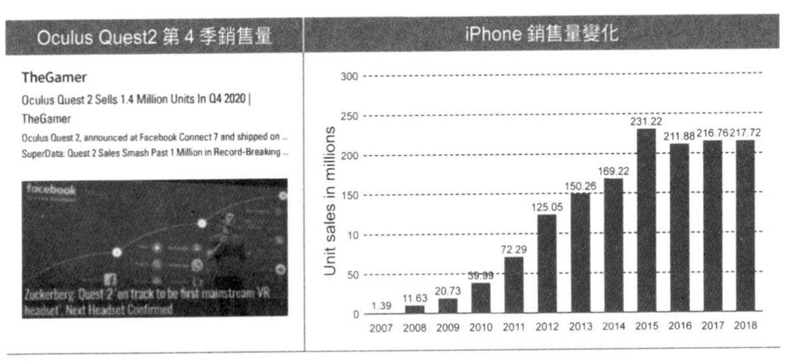

出處：The Gamer（2021.2.2）, "Oculus Quest 2 Sells 1.4 Million Units In Q4 2020

便完售了。[48] 若與全球遊戲機霸主 Sony 在 2020 年 11 月推出「PS5」（Play Station 5），當年的 450 萬台銷量相比，Oculus Quest2 的銷量是非常驚人的結果。也因為如此，Oculus Quest2 被評價為第一個 VR 普及化裝置。[49,50] 這也顯示，VR 裝置已經度過初期創新接受的階段，並朝向大眾化邁進，成為登入元宇宙的重要切入點。

隨著 VR 裝置普及，結合個人電腦、控制器、手機服務所提供的元宇宙體驗也逐漸升級與擴展。Roblox 平台可以透過個人電腦、手機、控制器和 VR 進行連接。過去一段期間，因為 VR 的價格與重量偏高的關係，使用比例偏

· Roblox VR 與 Sony PS5 VR 控制器

ROBLOX VR	SONY PS5 VR 控制器

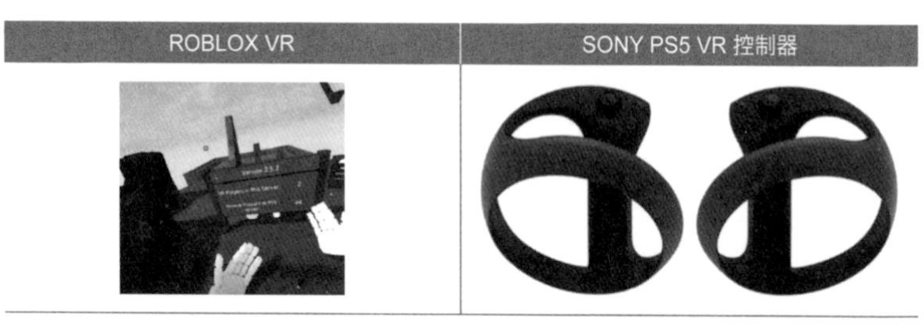

出處：Roblox YouTube 影片以及 SONY 官方網站

低，隨著 VR 裝置普及化，使用比例也會提升。以 2020 年為基準，目前 Roblox 的使用者之中，手機占的比例為 72%。[51] Oculus Quest2 比前一代的重量減輕 10% 以上（503g），價格也下降了 100 美元。Sony 在 2016 年推出了 PS4 專用 VR（PS VR），時隔 6 年，即將在 2022 年公開 PS5 VR，這也表示將有更多機會接觸到運用 VR 的元宇宙。[52] Sony 也公開了最新用於 PS5 的次世代 VR 控制器。

元宇宙技術創新效果已延伸至相關裝置與軟體、軟體內容之購買，並產生了網路效果。裝置的創新使得相關的連結與軟體、內容物的使用量也出現增加的趨勢。2019 年是 VR 相關軟體、內容物銷售的轉折點，在那之後銷售量

・VR 軟體內容銷售額

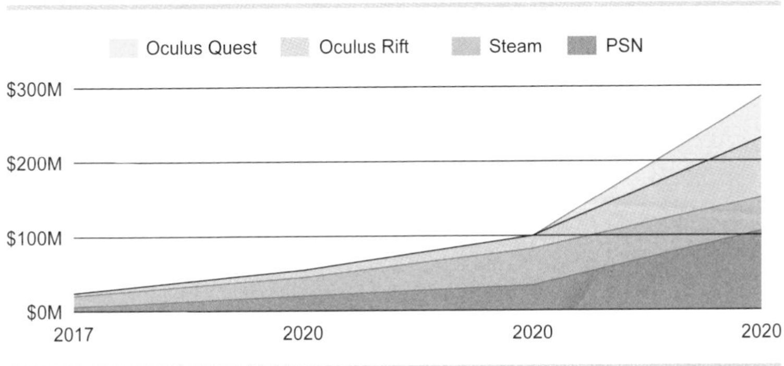

出處：Road to VR（2020.2.12）, "2019 Was a Major Inflection Point for VR—Here's the Proof, " www.oculus.com

便持續提升，Oculus Quest 商店中，各個價位區間的遊戲銷售額都提升了。[53] 2020 年 Oculus Quest 商店所銷售的遊戲中，沒有一款的銷售額超過 10 萬美元，但是以 2021 年 2 月來看，已有 6 個銷售額超過 10 萬美元的遊戲。除此之外，以 2021 年 2 月為基準，Oculus Quest 商店中所有遊戲的銷售額也較 2020 年銷售額來得高。

遊戲平台 SteamVR 上線人數也有增加的趨勢，相關軟體、內容物的銷售以及使用時間也較前一年大幅增加。SteamVR 經過大約 3 年的時間，上線人數才突破 100 萬人，但突破 200 萬人只花了 1 年，突破 250 萬人也只花了約 6

· 元宇宙相關專利

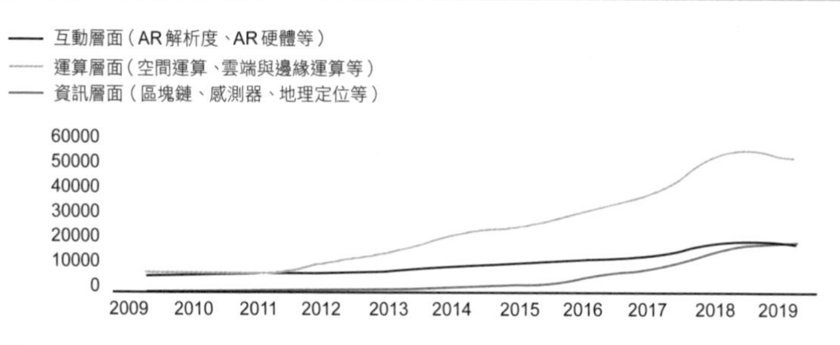

資料來源：Deloitte analysis of USPTO findings.

出處：Deloitte（2020）, "The spatial web and web 3.0?"

個月，SteamVR 的使用者人數也持續增加中。2020 年 SteamVR 的軟體、內容物在 1 年間的遊戲次數為 1 億 4 百萬次，共有 170 萬名新註冊的使用者，收益也增加了 71%，遊戲時間則增加了 30%。

為了確保元宇宙相關技術創新的能量，關於軟硬體的研究開發專利逐漸增加，這樣的技術創新趨勢也將持續。打造出元宇宙的 AR 軟硬體、雲端、感應器等眾多細節技術的研究開發專利也會不斷增加。[54]

▶ 全球企業的元宇宙創新競爭正在加速

全球 IT 企業發表了多個在元宇宙領域的技術創新計畫，也預告了創新上的競爭。Meta 公司在年度活動 Facebook Connect 分享了 AR 眼鏡、協作平台等全新的元宇宙創新藍圖。Meta 竭盡全力，除了將既有的年度活動名稱從 Oculus Connect 改為 Facebook Connect，也將 Meta 內部的 AR、VR 研究團隊改組成 Meta 的實境實驗室。其他準備進行創新的平台，則包含了只要戴上 VR 頭戴裝置 Oculus Quest2，即便沒有電腦也能隨時隨地辦公的辦公平台「無限辦公室」，以及虛擬生活平台「地平線」（Horizon），還有最適合用於手機的 AR 濾鏡製作平台「Spark AR」。此外，Meta 也藉由與太陽眼鏡製造商雷朋（Ray-Ban）合力製作 AR 眼鏡「Project Aria」，為裝置創新做準備。

蘋果也揭示了在元宇宙領域的持續投資與未來藍圖，為創新做準備。蘋果執行長庫克（Tim Cook）認為：「AR 技術是下一個重磅角色（the next big thing），它將會在我們的生活中隨處可見，交易與消費者的 AR 技術應用也會

· Meta 正在準備的元宇宙創新

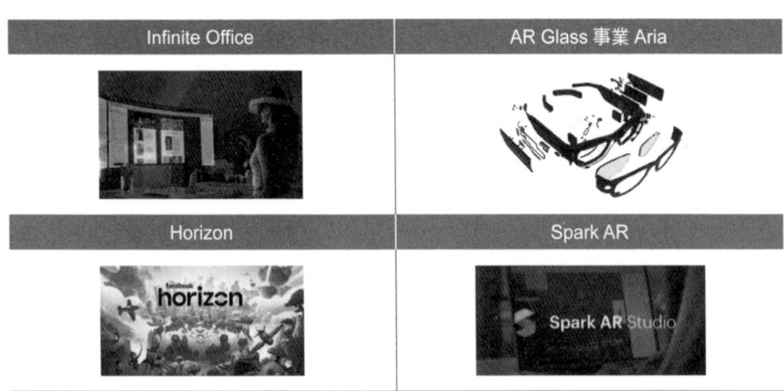

出處：參考 Facebook Connect 活動、Meta 官網與媒體資料，SPRi 重繪

成為日常。」蘋果從 2016 年開始投資元宇宙事業，傳聞則說蘋果準備在 2021 年 6 月推出 AR 眼鏡❹。[55] 蘋果也併購了 VR 新創公司「NextVR」。[56]《華爾街日報》報導提到：「蘋果併購 NextVR 的行動，顯示出蘋果一直以來都對 VR、AR 抱有企圖心。」[57] 蘋果還在 2016 年收購了 Flyby Media、Metaio，之後也持續收購相關的新創公司。

微軟則將元宇宙視為未來成長的動力，並擴展其生態

❹ 編按：傳言對於蘋果 AR 眼鏡的細節及問世時間有多種揣測，但蘋果從未證實或否認相關傳言。

· 蘋果的元宇宙趨勢

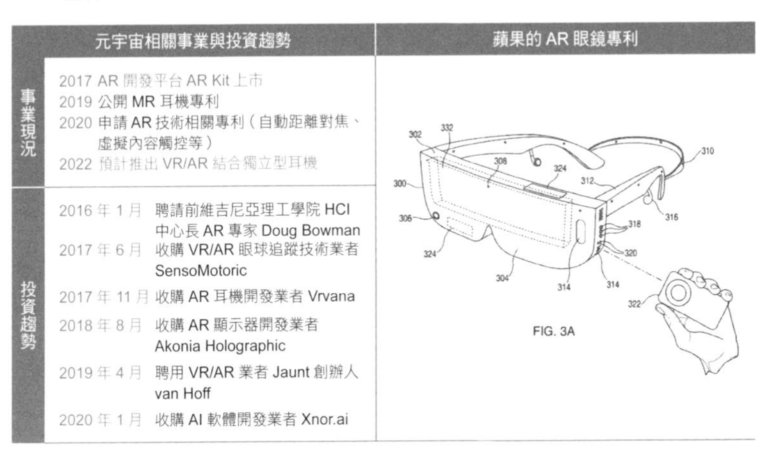

	元宇宙相關事業與投資趨勢	蘋果的 AR 眼鏡專利
事業現況	2017 AR 開發平台 AR Kit 上市 2019 公開 MR 耳機專利 2020 申請 AR 技術相關專利（自動距離對焦、虛擬內容觸控等） 2022 預計推出 VR/AR 結合獨立型耳機	FIG. 3A
投資趨勢	2016 年 1 月　聘請前維吉尼亞理工學院 HCI 中心長 AR 專家 Doug Bowman 2017 年 6 月　收購 VR/AR 眼球追蹤技術業者 SensoMotoric 2017 年 11 月　收購 AR 耳機開發業者 Vrvana 2018 年 8 月　收購 AR 顯示器開發業者 Akonia Holographic 2019 年 4 月　聘用 VR/AR 業者 Jaunt 創辦人 van Hoff 2020 年 1 月　收購 AI 軟體開發業者 Xnor.ai	

出處：Techcrunch.com（2018.8.30）等多數媒體資料進行整理

圈，包括 HoloLens 等混合實境（MR）裝置以及社交平台「AltspaceVR」的收購等，持續在元宇宙領域進行投資。此外，微軟也致力於全然的創新，像是開發「聊天機器人」的專利，讓任何人都能輕鬆製作 2D、3D 的「人造人」（Metahuman）並進行對話。[58]

另一方面，針對開發新的元宇宙體驗媒介，像是腕帶、戒指、手套等創新裝置，競爭也很激烈。2021 年 3 月，Meta 的實境實驗室公開了正在開發中的穿戴式裝置

· 微軟的元宇宙趨勢

<table>
<tr><th colspan="2">元宇宙相關事業與投資趨勢</th><th>微軟以 2D、3D 為基礎的談話是 Chatbot 專利</th></tr>
<tr><td>事業現況</td><td>2016 Hololens 1 上市
2018 售量突破 5 萬台，創下業績約 $20 億的紀錄
2019 Hololens 2 上市，與美軍簽署規模 10 萬台（$50 億）的供應合約擴大工業市場的可能性</td><td rowspan="2">(12) United States Patent
Abramson et al.
(10) Patent No.: US 10,853,717 B2
(45) Date of Patent: Dec. 1, 2020
(54) CREATING A CONVERSATIONAL CHAT BOT OF A SPECIFIC PERSON
(71) Applicant: Microsoft Technology Licensing, LLC, Redmond, WA (US)
(72) Inventors: Dustin I Abramson, Bellevue, WA (US); Joseph Johnson, Jr., Seattle, WA (US)
(73) Assignee: Microsoft Technology Licensing, LLC, Redmond, WA (US)
8,819,549 B2 8/2014 Nageswaran et al.
9,514,748 B2 12/2016 Reddy et al.
2002/0010584 A1 1/2002 Schultz et al.
2009/0254417 A1* 10/2009 Beilby G06N 3/004 706/45
2013/0257877 A1 10/2013 Davis
(Continued)
FOREIGN PATENT DOCUMENTS
WO 2003073417 A2 9/2003
OTHER PUBLICATIONS</td></tr>
<tr><td>投資趨勢</td><td>2016 年 8 月 投資 VR 耳機開發業者 Shadow Creator
2017 年 7 月 投資 AR／VR 解決方案開發業者 DataMesh
2017 年 10 月 收購 VR 用社群平台開發業者 AltspaceVR
2018 年 4 月 投資 VR Solution 開發業者 SmartVizX
2019 年 2 月 投資 VR Contents 製作業者 Start VR
2020 年 4 月 聘用前蘋果無線通訊硬體專家 Ruben Caballero</td></tr>
</table>

出處：CNN（2021.1.27）等多數媒體資料進行整理

「AR 腕帶」。腕帶是以 2019 年收購的「CTRL-labs」的技術為基礎所製作，CTRL-labs則是一家開發腦機介面（brain computer interface）的公司。與 AR 眼鏡一樣，腕帶也能夠捕捉手部的力道、角度，甚至是幅度只有 1 公厘的動作，藉此控制虛擬的物體與情境。

戒指與手套的應用方式也正在研發中。蘋果針對以戒指、手套等做為虛擬與現實連接介面的應用方式，提出了

· Meta 的 AR 手環

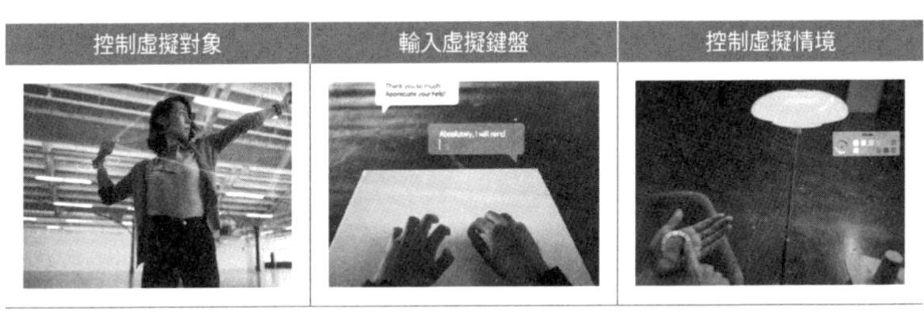

出處：Facebook reality lab 官方網站

· 蘋果的戒指與手套專利

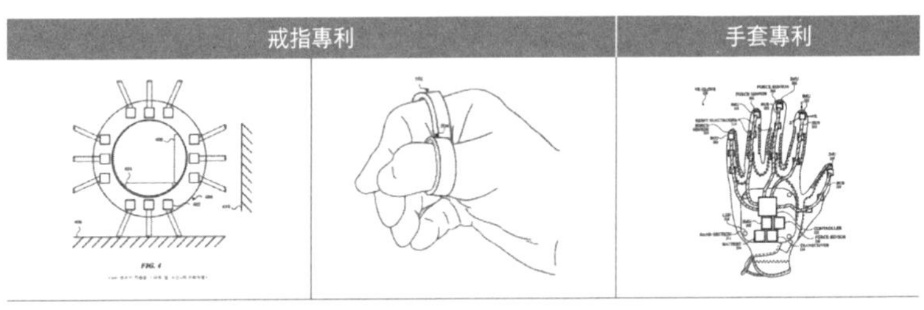

出處：電子新聞（2021.1.13）「魔戒蘋果」；the guru（2021.1.5），「蘋果獲得 VR 手套專利」

專利申請。[59] 裝有感應器的戒指可感知使用者的動作，並且掌握使用者與周邊物體的關係。感應器愈多，在 3D 環境中的動作識別就愈正確。若將戒指戴在大拇指與食指，則能夠辨識兩隻手指做出的折疊、放大與縮小、旋轉等指令。

· 多變的元宇宙裝置

分類		內容
Care OS 的 Poseidon（智慧型鏡子）		· 主打個人衛生、肌膚管理與健康（well being）的隱形浴廁用智慧型鏡子 · 分析用戶的肌膚健康並推薦必要的機能性化妝品（包括保持牙齒清潔和髮妝品的建議）
Gatebox Grande（塔）		· Naver Line 的子公司 Gatebox 推出 Gatebox Grande，是現有桌面 AI 全息投影助手 Gatebox 的放大版（3 月 21 日） · 2m 高的接待用大型角色召喚裝置 · 透過深度感應器，當有人接近時會做出反應
HaptX Gloves（手套）		· 將 VR 的觸覺經驗達到最大化的手套 · 裝有 133 個觸覺回饋感應器，在虛擬世界提供觸摸實體物品的經驗
Virtuix Omni One（跑步機）		· 預計 2021 年下半年推出，家庭式步行的虛擬實境裝置 · 支援用戶在虛擬空間臥、蹲、後仰和跳躍等自由移動的動作 · 透過配對視線與動作可以降低「認知失調」，藉此解決配戴虛擬實境裝置時的頭暈問題

出處：www.care-os.com, www.gatebox.ai/grande，VRSCOUT（2021.1.26），VRFOCUS（2020.10.9）以這些資料為基礎撰寫

除此之外，「智慧鏡子」、「Gatebox Grande」、「跑步機」（Treadmill）等各類型的元宇宙裝置也成功問世，積極向大眾推廣。未來，多元化的元宇宙裝置將會與既有的個人電腦、手機、控制器、VR 頭戴式顯示器、AR 眼鏡、智慧手錶等結合，帶來嶄新的元宇宙體驗。[60]

▶ 躍升為潛力股的元宇宙

元宇宙不只是趨勢，也躍升為實際的投資對象。美國的方舟投資（ARK Investment）在發布投資領域的《Big Ideas 2021》中提到了元宇宙，並將虛擬世界（virtual worlds）選定為具有前景的領域，[61] 帶動了相關企業的投資。方舟投資持續增加對 3D 開發平台先驅企業 Unity 的持股，Roblox 上市掛牌當日，方舟投資也買入 50 萬股。

大多數的元宇宙企業會進行募資或上市掛牌，企業價值因而持續增加。對於 XR 新創公司的投資非常活躍，隨著 XR 新創公司的生態圈愈趨成熟，2014 年至 2019 年上半年，募資階段的種子輪（seed round）與天使輪（angel round）❺ 比例漸漸降低，C 輪以上的投資階段則從 8% 上升至 16%。[62]

---

❺ 編按：種子輪是指只有初步創業想法時的募資，由於很難判斷成功的可能性，因此投資人的風險極高，募資的難度也最大。下一個階段的募資則稱為天使輪，此時已經有產品原型和初步的商業模式，但還不算通過市場的考驗，仍有很高的風險。隨著事業越來越成熟，風險持續降低，還可以再進行後續的 A 輪、B 輪、C 輪……等募資。

Zepeto的開發公司NAVER Z在2020年獲得Big Hit娛樂[6]、YG娛樂以及JYP娛樂等公司共170億韓元的投資。AR新創公司LetinAR則於2018年募得40億韓元的A輪投資以後，在2020年又募得規模達80億韓元的B輪投資。

元宇宙平台Roblox在募資以後，於納斯達克證券交易所上市了。Roblox於2020年2月G輪投資募得1億5千萬美元，當時的估計價值為40億美元，H輪投資則成功達到5億2千萬美元，企業價值也高達295億美元，大幅上升了600%。Roblox於上市公開說明書中，有16次提到「元宇宙」，也意味著將元宇宙做為主要的策略。

而在元宇宙領域中擁有核心技術的企業，其價值也持續上升。製造XR所需的微型顯示公司「高平」（Kopin）、AR眼鏡公司Vuzix，以及擁有打造圖像處理裝置（GPU）、Omniverse平台等元宇宙技術的輝達，這些元宇宙相關企業的價值都大幅增加。

[6] 編按：2021年3月30日已改名為HYBE。

METAVERSE

第3章

元宇宙，革新產業

BEGINS

1

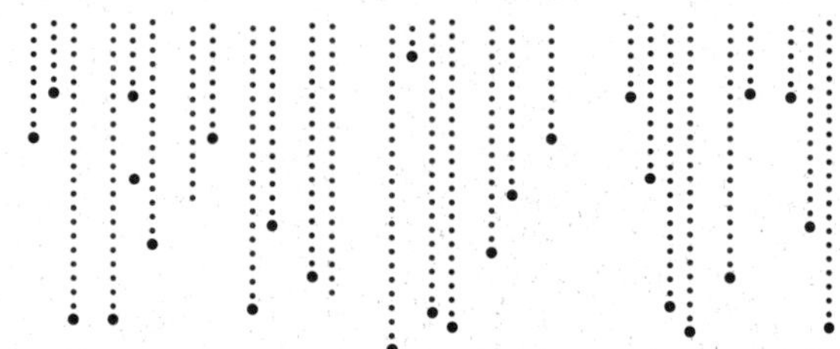

產業大風吹的來源，元宇宙

過去用於打造遊戲、生活交流元宇宙平台的 Unreal、Unity 這類遊戲引擎，從原本的 B2C 延伸應用於 B2B 和 B2G 等產業、社會領域，這也表示元宇宙正式開始擴展了。

上述的主要遊戲引擎的應用範圍已經越來越廣泛，參與的企業也積極展開活動。2010 年開始發展的 B2C 遊戲、生活與社交元宇宙平台在 2020 年以後受到強烈關注；特別是在 2021 年以後，隨著 B2B、B2G 領域的快速成長，元宇宙市場的成長也有望超越發展曲線的轉折點。元宇宙因為各個產業的應用而加速擴展，也改變了企業的工作方式與價值鏈，同時也對企業競爭力帶來極大的影響。因此，

元宇宙朝各產業擴散的趨勢

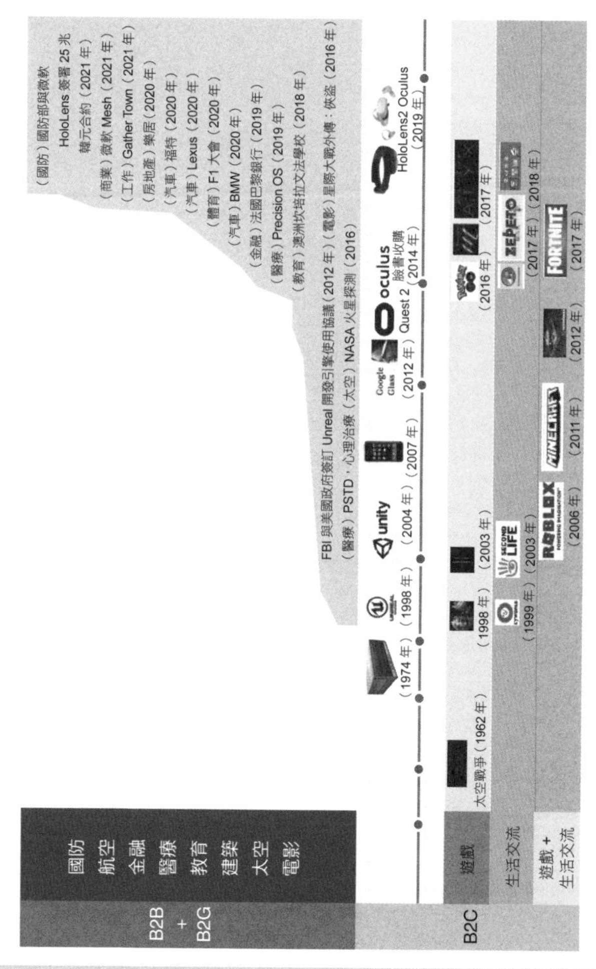

未來企業的競爭力將會取決於能否善用元宇宙。

因為打造出元宇宙的複合通用技術 XR + D.N.A 擔負著改革各個產業生產效率的重要角色，所以 XR 技術服務在各個產業中的應用比例平均達到 21% 以上，將會主導產業的創新。[1]

在過去，生產營運管理的介面從紙本開始，發展至電腦螢幕與智慧型手機；最近，元宇宙核心裝置之一的 AR 眼鏡則做為新一代的介面而備受矚目，因為 AR 眼鏡也可用於庫存管理、不合格品檢驗、作業訓練等整體生產營運管理的過程中。[2]

史丹佛大學「虛擬人際互動實驗室」（Virtual Human Interaction Lab）的主任傑瑞米·貝倫森（Jeremy Bailenson）認為 XR 技術將能大規模用於模擬具有危險性、成本高昂或是現實中不能實際經歷或很罕見的情境。

例如，實際進行滅火訓練是非常危險的，費用也很高，而且無法同時讓很多人參與。但是藉由 XR 技術可以打造出具有臨場感的虛擬火災現場，透過智慧化與互動條件呈現虛擬火災現場所發生的事，如此一來，便能讓許多人於虛擬情境中進行與現實狀況相仿的訓練。

各位目前從事的工作領域是否有些時候必須應對危急狀況呢？或是必須解決問題，但那個情境卻是你很難實際體驗或根本無法體驗的？或者，若要呈現出實際的狀況，或是要在現實生活中解決問題，必須付出極大的成本或代價？這些問題都能在元宇宙中獲得解決。目前已有許多企業龍頭正在思考如何引進元宇宙，也正進行多元的嘗試。接下來，就來看看各個產業如何藉由元宇宙進行創新。

2

在平行世界進行研發與製造

▶ 未來的製造業不再相同

2020 年輝達公司執行長黃仁勳曾表示「元宇宙已經來臨」，並發表了 Omniverse 平台。當時他提到元宇宙不是只存在於遊戲之中，並預言 Omniverse 平台將應用到許多產業。Omniverse 能夠支援許多人合作創造虛擬世界，並在其中進行情境模擬。目前已有許多虛擬世界是運用不同遊戲引擎所創造出來的，顯示元宇宙的應用範圍已從遊戲漸漸拓展至其他領域。既然已經有許多能夠創造虛擬世界的平台，那麼關注 Omniverse 平台的原因是什麼呢？

因為只要透過 Omniverse 平台，便能原封不動地呈現出現實生活中所發生的物理定律。舉例而言，可以於虛擬世界中，呈現出陽光強度、空氣密度、風力、水流等現實生活中的所有現象，並藉此進行各種不同的模擬。輝達長久以來致力於研發能夠支援在遊戲中刻劃 3D 圖像的 GPU（圖像處理裝置）技術，例如能夠真實呈現光線反射的光線追蹤（ray tracing）技術，並將 AI 與之結合。

Omniverse 讓許多人能在虛擬世界同步合作。以往創造虛擬空間時，都是每個人依序製作，或是將許多人獨立作業的部分結合再進行修改。但是Omniverse改變了這一切，不僅可以讓多人同時合作，也能即時修改、調整與變更，因而能夠提升效率。此外，Omniverse 能夠讓資料數據保持在最新的狀態，所以不需要重新上傳或下載資料數據。這個平台所模擬的虛擬世界會遵行實際的物理定律，這又能用來做什麼呢？

我們可以用 Omniverse 建造與真實工廠一樣的虛擬工廠（virtual factory）。這些虛擬工廠並非只是空間和設備的配置與現實狀況一模一樣而已。透過它們，我們可以觀察作業人員在裡面的行為模式，也可以模擬更動機器位置或是改變原料組合後的結果。在現實生活中，想要預先檢視設備位置改變或是引進新設備的影響，會是非常困難的事；但是在虛擬工廠便能藉由模擬來進行預測。透過這樣的虛擬工廠，製造業者便能找出符合自己狀況的最適設備與規模；也能呈現作業人員與工作機器人之間的互動，並在調整他們的工作安排時，運用模擬的方式瞭解其效果。

未來的製造業會是如何組織與管理呢？美國製造商協會（National Association of Manufacturers）是美國境內 1 萬 4 千多個製造商的代表團體，其下的製造業領導委員會（Manufacturing Leadership Council）藉由產學合作，與專家們共同分析並發表了 10 年後製造業所須面對的全新變化。委員會評選了製造業的未來關鍵詞，其中一個便是「虛擬製造模型」。虛擬製造模型可以讓產品開發部門預先知道先前未曾嘗試過的產品設計，是否有實現的可能性。工程師也可以在實際製造產品之前進行模擬，預先找出實際製程相關的問題並加以解決。虛擬製造模型也能用來降低製造成本、鞏固國際競爭力，或是用來分析產品料件、製造所需時間、組裝與生產設備的成本等，並針對虛擬的組裝過程進行評估；若發生問題，虛擬的工作小隊便會著手解決。[3] 而其中一個能夠實現這種虛擬製作模型的方式，便是 Omniverse 平台。黃仁勳認為：「未來 20 年，那些在科幻電影中才能看到的情節將會發生，因為元宇宙時代來臨了。」而現在，那些在科幻電影中才會出現的情節已經在 BMW 真實上演。

▶ 汽車大廠建造了虛擬工廠

Omniverse，將複雜的汽車製造系統轉換至元宇宙。BMW 是第一個打算將整座工廠虛擬化的汽車公司。在全球 31 座 BMW 工廠中工作的數千位工程師、開發人員與管理者，未來將能在虛擬工廠中進行即時的協力合作，並且設計、規劃複雜的製造系統，並模擬多種不同的情況。

藉由 Omniverse 平台，可以用虛擬的方式建構不同的生產模型，並將員工、機器人、建築物、裝配零件等所有的工廠要素都納入考量，再衡量其生產效率。若要建造新廠房或製造新車款時，也可以事先在虛擬工廠檢查生產流程，找出現實情況中可能會發生的錯誤，並予以解決。以實際的設計藍圖進行模擬時，還能夠預先計算每單位產品的生產時間、從投入原料至完成產品所需的時間，以及接受訂單後到配送給消費者所需的時間。

在生產過程中，人力與機器人如何配置才能讓生產效率最高，也可以事先確認。某位在 BMW 負責生產的經理表示：「Omniverse 能夠模擬整座工廠的所有元素，在縮短計畫時間的同時，也改善了作業彈性與精密度，最終能讓效率提升 30%。Omniverse 是樹立協力平台標準的遊戲規則改變者（game changer）。」虛擬工廠的模擬可縮短作業人員的動線或是縮減零件組裝的時間，藉此提高生產力。隨著可模擬的範圍擴大至整個生產過程，生產效率也會大幅提升。BMW 也運用元宇宙的虛擬工廠建構符合自身需求的大規模生產環境。未來在 BMW 的工廠中，人類與機器人會互相合作，工程師也能在共享的虛擬空間中一起同步工作，整個工廠的運作都會根據即時的資料數據進行模擬。元宇宙將能連結各個團隊，並透過虛擬的方式設計、規劃並營運未來的工廠。全新的製造方式將就此誕生。

BMW 在將整個工廠虛擬化之前，已經局部採用了元宇宙環境。BMW 的慕尼黑廠將 AR app 安裝在平板電腦

· 套用現實物理法則的 BMW 虛擬工廠

出處：GTC 21, NVIDIA Omniverse, "Designing, Optimizing and Operating the Factory of the Future"

上，以進行各種零件檢查。這款 app 是與弗勞恩霍夫協會電腦圖學研究所（Fraunhofer Institute for Computer Graphics）共同開發，可在汽車投入量產之前，先取得可用於調整車輛設計或製程的重要資訊。車體組裝作業員透過放在腳架上的平板電腦，可以在數秒內檢查沖壓作業完成後的車體，包括各種孔洞位置、汽車外觀輪廓等 50 個項目。過去只能透過肉眼或是輸送帶上裝設的鏡頭來檢測異狀，但採用 AR app 之後，只需要數秒便能判斷製品是否正常。

· BMW 運用 AR 檢驗汽車零件

出處：每日經濟（2019.4.19），「BMW，在生產系統引進 AR、VR 設備」

元宇宙對於製造業的教育訓練也很有幫助。運用 XR 技術的生產訓練，有助於在工作環境危險或是不易進行技術教育的狀況下，有效率地傳授製造技術。結合 XR 的生產訓練主要適用於尚未熟練作業的初學者，可演練高危險性的操作，或是因為原料費用過高、實際作業不便或必須穿戴特殊裝備而難以進行技術學習的情況。如此一來，既可以防止技術教育過程中可能發生的安全事故，也不用浪費高額原料費用，就能夠提供適宜的實習教育環境，讓初學者在短時間內充分學習相關技術。

賓士則運用了虛擬裝配（virtual assembly）技術。感應器辨識到作業人員手持零件進行組裝的動作時，畫面中的虛擬化身也會進行相同的動作。透過一個一個地組裝零件，作業人員無須實際製造汽車，就可以虛擬體驗移動化身以完成汽車的組裝過程。此外，讓熟練的組裝技術人員進行虛擬體驗後，採納他們的意見，便能用最有效率的方式進行教育訓練。

中國的電動汽車製造商法拉第未來（Faraday Future）曾因為過度投資等問題陷入危機，最近想要東山再起，也藉著元宇宙提升了競爭力。2014 年 4 月成立的新創企業法拉第未來，在世界最大的 IT 貿易展覽會「CES 2017」開幕前兩天發表了最高時速可達到 320 公里、1,000 馬力的電動汽車。法拉第未來能在短時間內研發出電動汽車的秘訣，便是以 VR 取代實際的原型車進行駕駛測車。透過模擬的結果找出瑕疵、提升性能，就能大幅降低獲得最佳技術能力所需的時間。儘管短時間內要研發出概念車幾乎是不可能的事，但是運用 VR 卻只花了 18 個月。

現代汽車（Hyundai）也利用元宇宙召開設計會議。在全球各地工作的設計師們透過各自的虛擬化身，到虛擬空間中的現代汽車 VR 開發空間上班，並參與新車設計會議。大家互相說明想法，透過手部動作修改頭燈等不同部件的樣貌，並確認顏色與材質的選擇是否搭調。他們也可以調整部件的大小並改變位置，還可以在想要的時間與空間中陳列新設計的車款，不受任何時空限制。現代汽車在引進 VR 之前，這些東西都必須透過手繪、製作設計黏土模型，或是製作實際大小的模型才能進行說明。

2019 年 10 月所公開的氫燃料專用重卡概念車 Neptune 的創新設計，便是透過 VR 所誕生的產品，而現在則應用在現代汽車所有開發中的車種。就設計工作的特性來看，一般的視訊會議在傳達資訊或是溝通方面仍有所限制。現代汽車預估，若能將「虛擬開發流程」全面導入研發過程，每年將能降低 20% 的新車開發時間以及 15% 的開發成本。[4]

· 過去的黏土工作設計方式對照 VR 設計方式

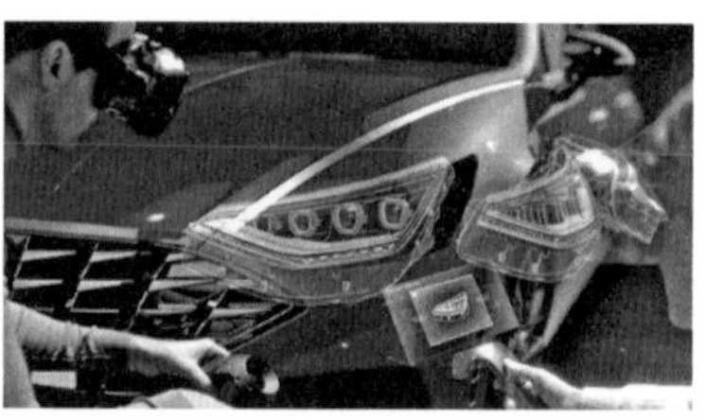

出處：https://news.hmgjournal.com/

▶ 製造業的元宇宙轉型

許多領域的製造業公司都關注著元宇宙。歐洲最大的飛機製造商空中巴士（Airbus）便將微軟的「HoloLens2」頭戴式裝置運用在飛機設計與製造的過程。將說明書、圖表等數位資訊以虛擬方式一併呈現後，製造時間可減少為1/3。AR 技術也可以用來檢查民航機的組裝狀態。若將大型民航機的配管、配線長度相加，總長可達 500 公里。為了正確連接這麼多的管線，必須用到 6 萬多個連接器，只要有一個部分弄錯，就有可能發生重大事故。空中巴士利

· 空中巴士引進 AR 的案例

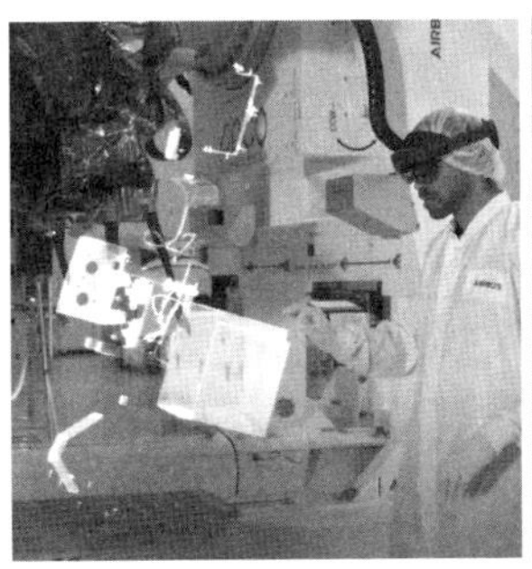

出處：微軟官方網站

用 AR 技術來檢查連接器是否裝設正確，過去需要花費 3 週的時間，現在只需要 3 天就能完成。

洛克希德．馬丁（Lockheed Martin）是美國最大的國防工業廠商，它也在火星探測船這一類太空船的設計與製作過程中，運用 HoloLens 這類的 AR 技術來提高生產效率。在組裝美國國家航空暨太空總署（NASA）飛往火星的獵戶座（Orion）太空船時，藉由 AR 技術的應用，鑽孔過程可以從 8 小時降至 45 分鐘，安裝面板的時間也從 6 週縮短至 2 週。現在，作業人員不再需要拿著數千頁的製作手冊，只要透過 AR 眼鏡就可以立即瀏覽所需內容並進行作業。

．洛克希德．馬丁引進 AR 的案例

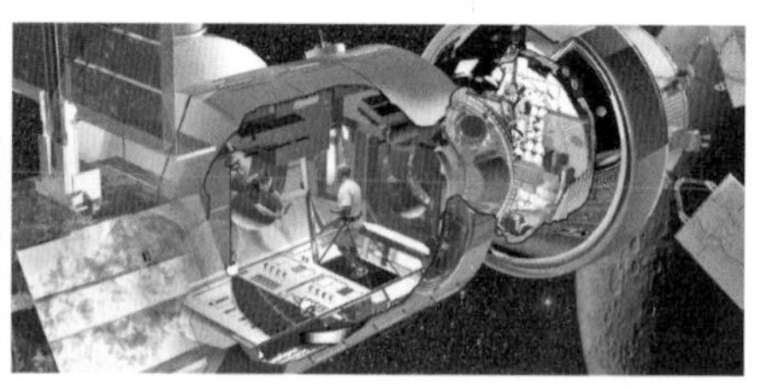

出處：*The Wall Street Journal*（2018.8.1），
"Lockheed Martin Deploys Augmented Reality for Spacecraft Manufacturing

· GE 的遠端設備與手冊 vs AR 模式的成果比較

出處：www.ge.com, GE Report（2017.5.25），
"Looking Smart: Augmented Reality Is Seeing Real Results In Industry"

奇異公司（GE）則以 AR 技術結合遠端檢修與數位說明書，在生產、組裝、維修、保養維護、物流管理等不同領域全都運用 AR。在奇異的再生能源工廠中，作業人員配戴 AR 眼鏡，進行風力發電用渦輪的遠端組裝作業。作業人員看到的現場狀況會直播給位於他處的專家，專家便能像是在現場一般掌握狀況，並給予正確的指示。作業人員也能觀看教育訓練影片或是透過語音向專家尋求協助。

作業人員還可以參考 AR 的數位說明書進行組裝。在採用 AR 眼鏡之前，作業人員必須先暫停作業，才能查看說明書或聯繫專家，請他們確認零件組裝的狀況。現在藉由 AR 技術，不需要暫停便能輕鬆查看眼前的數位說明書。

· 蒂森克虜伯引進 AR 的案例

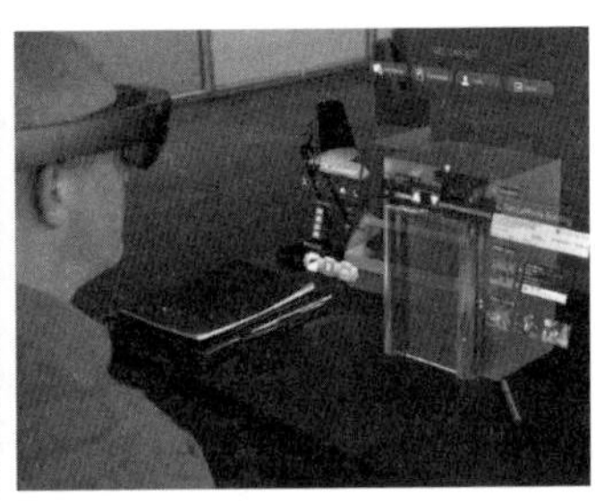

出處：ThyssenKrupp

分析顯示，相較過去的傳統作業方式，運用 AR 可以使生產效率提高約 34%。

德國的電梯製造商「蒂森克虜伯」(Thyssen Krupp) 為了革除無效率的電梯維修與管理，運用了 AR，藉此適時確認各個電梯的 3D 平面圖與使用紀錄等眾多資訊，作業過程中也可藉由共享的方式進行遠端合作。服務維護管理的速度因為結合 AR 技術而加快了 4 倍。

3

不用出門的逛街購物

▶ 銷售通路颳起的虛擬旋風

生活在網路時代的消費者，透過網路享受著創新成果，除了上網瀏覽、購物，還能迅速收到包裹。但是消費者的煩惱並沒有全部解決，在網路上看到喜歡的衣服時，你不曾煩惱過這件衣服適不適合自己嗎？你不曾想過在實體家具行看到的那張書桌，適不適合放進自己的房間？你不曾好奇過妝髮造型工作室推薦的髮型與妝容，是否真的適合自己？

大部分的情況都是在實體門市逛過以後，在網路上搜尋最低價格再購買，所謂的「展示廳現象」（showrooming）便是用來形容上述行為的新創詞。這樣的消費趨勢是透過經驗學習而來，包括只在網購網站上看到模特兒穿搭就購買，收到實品卻感到失望的經驗，以及在實體門市購買物品後，發現網路上的價格更便宜而感到後悔的經驗。當然也有相反的情況。在網購網站仔細瀏覽產品之後，才到實體門市購買，則稱為「反展示廳現象」。你應該也有透過網路購買的衣服，實際穿上卻發現尺寸不合而感到難過的經驗；為了結帳必須註冊會員，退貨或換貨的程序也蠻麻煩的。所以有些人會充分瞭解其他消費者的實際穿著心得等產品資訊，決定要購買之後，再到實體門市試穿、購買。這兩類行為的差異在於實體、網路媒介的使用順序，對於要將性價比以及購物滿足度極大化的目的則是相同的。展示廳現象與反展示廳現象明確顯現出網路購物的局限。[5]

在元宇宙時代，住家即是門市。在家裡就能透過虛擬的方式前往門市，能夠看到產品並進行試穿，預先確認服飾穿在身上的樣子，或是使用了化妝品之後的模樣。消費者可以在元宇宙環境中感受到連結，這樣的連結會進一步發展成對產品與服務的信任度。有 47% 的消費者認為在運用 XR 技術的購物過程中，會感受到與產品之間的連結；[6] 在購物過程中使用 AR 的消費者，則有 76% 認為信任度提升了。[7] 這表示購買之前的幾次經驗提高了購買的信任度。

在元宇宙中也可以透過虛擬試衣（virtual fitting），預先嘗試想要購買的產品或服務再購買，所以能減少退換貨的情況。虛擬試衣間平台公司 Zeekit 的執行長雅艾爾・維澤爾（Yael Vizel）表示，運用虛擬試衣間服務可以將退換貨比例從 38% 降低至 2%。[8] 虛擬試衣能夠讓使用者虛擬試穿不同的產品，它能辨識使用者的身形，並呈現穿上衣服的模樣。使用者即使沒有真正試穿衣服，在顏色、尺寸、風格等許多方面都能得到與實際試穿時相同的效果。

除此之外，這類技術也能進行家具辨識，再讓人預先看到家具擺放在自己房間的樣子。因此，在連接商家與消費者的重要通路領域中，如何運用元宇宙也將變得更加重要。虛擬試衣市場的規模從 2019 年的 29 億美元（約新台幣 8 百億元）開始，每年平均成長 20.9%，預計到 2024 年會成長至 76 億美元（約新台幣 2 千 1 百多億元）。[9] 接下來，就來一窺元宇宙時代的虛擬試衣門市吧！

根據 Nike 的數據，約有 60% 的人穿著不適合自己尺碼的鞋子。在北美洲，這樣的人 1 年多達 50 萬人。Nike 為了解決這個問題推出了 Nike Fit，讓消費者可使用結合了 AR 的手機 app，正確測量自己的鞋碼。相關數據會儲存在個人檔案中，能夠一直使用，在實體門市也可以用 QRcode 將數據傳給店員。此外，app 也提供能夠測量他人鞋碼的賓客模式，要送禮物也變得更容易了。AI 會按照所測得的鞋碼為標準，依據不同鞋子的類型、用途來推薦最適合的尺寸大小。舉例而言，運動用鞋類會推薦剛好符合腳長的大小，休閒用鞋類則會推薦留有一點空間的尺寸。

· Nike Fit

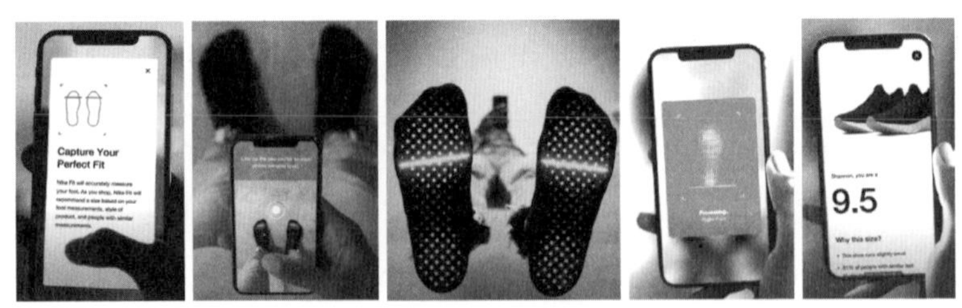

出處：Nike Fit YouTube

· 萊雅的虛擬美容體驗（左）與絲芙蘭的虛擬化妝師功能

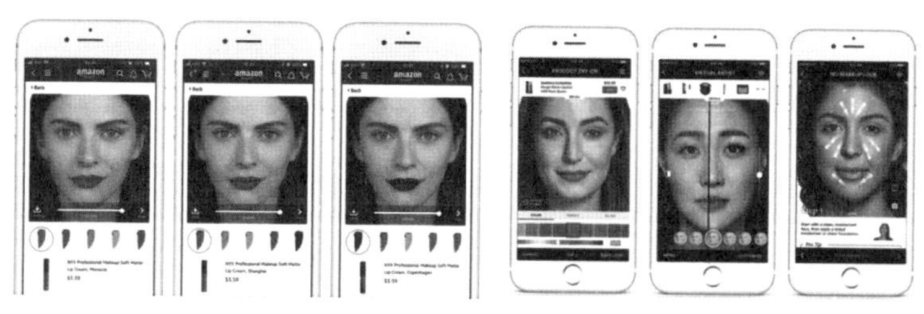

出處：萊雅、絲芙蘭官方網站

購買化妝品之前，也可以用虛擬的方式預先進行體驗。萊雅集團於 2018 年所收購的加拿大 AR 人工智慧公司 ModiFace，其技術可讓消費者自行診斷膚況，並提供試用各種化妝品的 3D 虛擬化妝等個人化服務。萊雅集團也擴大了與亞馬遜等 15 個通路業者的合作，透過網站與 app 提供 ModiFace 服務，平均服務使用時間從新冠疫情爆發前的 2 分鐘增加至 9 分鐘。[10] 使用者透過 AR 技術改變自己的髮色與粉底顏色，進行多元的虛擬體驗。美國代表性的化妝品店鋪絲芙蘭（Sephora）也應用了 AR 技術，讓消費者不用親自使用化妝品，而是虛擬試用在臉上，帶給消費者極大的便利。

· LG 電子的 ThinQ Fit 虛擬試衣

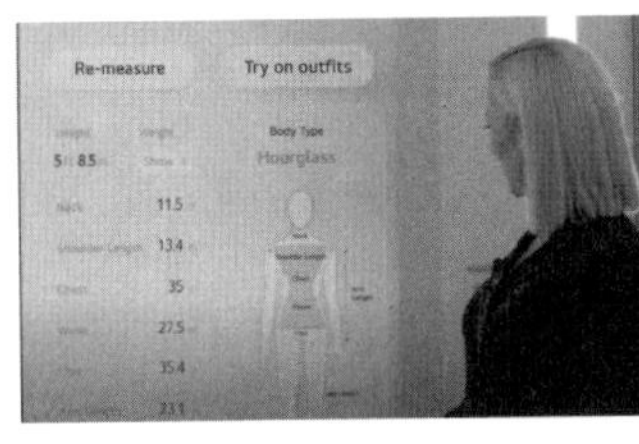

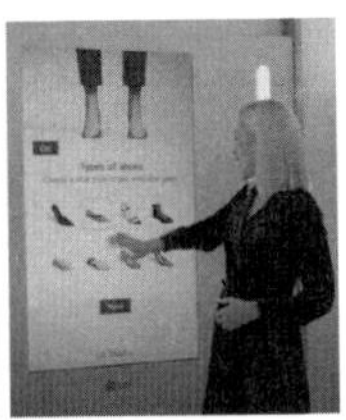

出處：LG at CES 2020, LG ThinQ Fit Collection

衣服也能夠以虛擬的方式進行穿搭。LG 電子的 ThinQ Fit 運用了 3D 照相機來測量使用者的身體數值，並藉此創造使用者的虛擬化身，再讓虛擬化身顯現在大型螢幕或是智慧型手機上，幫他穿搭衣服，藉此檢視衣服的顏色、風格或鬆緊。像這樣將虛擬試衣技術應用在生活之中，不但可以減少親自前往實體門市的不便，也能夠顯著降低光靠想像來煩惱衣服是否適合自己的狀況。因為每個國家的衣服尺寸與標準都有所不同，所以購買外國衣物的顧慮也比較多，未來這些顧慮也都能夠消除。

眼鏡也是一樣的道理，新創公司 Blueprint Lab 分析使用者的臉部數據，再透過 AR 的虛擬方式提供穿戴眼鏡與太陽眼鏡的建議。

· Blueprint Lab 的虛擬試戴眼鏡

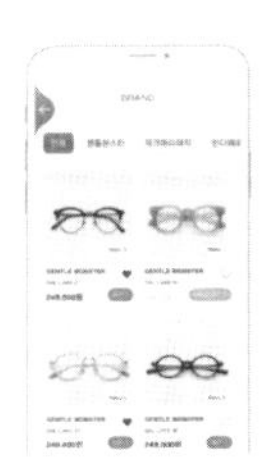

出處：www.blueprint-lab.com

家具以及油漆顏色也都能以虛擬配置的方式呈現。亞馬遜公開了 AR 購物工具 Room Decorator，讓消費者能夠確認家具擺放在房間內的模樣。選取了亞馬遜銷售的家具產品以後，點選「在你的房間看看」，就能夠透過智慧型手機的畫面觀看房間內家具配置的樣子，也就是能將家具預先放在實際要擺放的地方。你也可以選取多個家具，再以虛擬的方式進行擺放。使用英國油漆品牌得利（Dulux）的 AR app，你便能透過鏡頭以虛擬的方式為家中牆壁塗上油漆顏色，這個服務受到使用者極大的迴響。

· 亞馬遜的 Room Decorator（左）以及得利的虛擬油漆

出處：亞馬遜官方網站

美國室內裝修用品零售業者「勞氏公司」（Lowe's）透過 VR 提供顧客室內裝修體驗服務，協助顧客做決定並提高最終購買率。使用 VR 體驗的消費者購買率，相較於未使用 VR 體驗的消費者高出了 2 倍。而使用 VR 體驗的消費者中，有 90% 表示對於室內裝修更有自信了。透過消費者在購買產品之前以 3D 模型體驗室內裝修的過程，將購買效果視覺化，便能提升消費者自己動手裝修的自信心。

德國物流業者 DHL 則運用 AR 來提升物流中心的營運效率。隨著物流中心的貨物資訊逐漸增加，如何有效率地處理、儲存資訊是非常重要的。DHL 運用 AR 迅速處理貨物資訊，並精簡物流管理階段，使平均生產效率增加了

15%。[11] 在物流中心營運程序中應用 AR 眼鏡，工作人員處理貨物資訊的時間縮短，效率也提高了。此外，DHL 為了因應網購增加所帶來的高運送量，讓配送員得以有效、迅速地配送貨物，也透過 AR 技術改善裝載卸貨的速度、減少不適合的動線，並確認物流中心至配送地點之間的最佳路線，以節省配送時間。

▶ 在元宇宙中布局展店

為了要領先取得元宇宙這塊虛擬新大陸的競爭優勢，通路業者們正加快他們的腳步。目前已經有許多時尚、娛樂企業投入元宇宙領域，而因為這些企業看見可能性的其他企業也加速積極布局。經營韓國 CU 超商的 BGF Retail 在國際元宇宙平台 Zepeto 開設了虛擬超商，這是業界在 Zepeto 進駐虛擬超商的首例。CU 的虛擬超商「漢江公園店」落腳於 Zepeto 的超人氣地圖漢江公園中，虛擬化身可以在超商屋頂的露台上享用 GET 咖啡、delaffe 等 CU 的差異化商品，也能夠使用超商提供的陽傘、桌子等設施。如

· 進駐 Zepeto 的主要企業

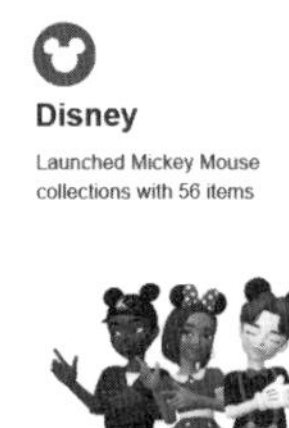

出處：ZEPETO YouTube 與官方網站

同在實體超商一般，虛擬化身也可以用現磨咖啡機煮咖啡，或是享用漢江公園超商的人氣餐點──現煮泡麵。這就是將實體世界的經驗呈現在元宇宙之中。

CU 預計未來也要在使用者時常出入的教室與地下鐵等空間開設超商。此外，也預計公開 CU 獨有的特殊賣場概念──街頭表演空間。在這裡，人們可以像在實際表演場地一樣唱歌、跳舞，也可以觀賞其他虛擬化身在舞台上的表演。Zepeto 也已經開始支援語音對話服務了。值得注意的是，CU 超商暫時位居 Zepeto 中唯一的韓國國內超商業者地位，那是因為進駐 Zepeto 是透過競標的方式進行。經營 GS25 超商的 GS Retail 也參與了競標，但是最後沒能得標。[12]

目前已經有許多企業進駐元宇宙平台了。以 Zepeto 來說，MLB、Nike、Converse、Gucci、迪士尼、Hello Kitty 等大多數的企業都已經進駐。此外，也有打造出虛擬購物街道的平台。英國的虛擬購物平台 Streetify 能讓使用者體驗在實際街道散步、探訪商家。使用者可以選擇想要探訪的特定街道，並朝著自己想要的方向虛擬散步，如果在虛擬街道上發現感興趣的商家，便能像在實體世界一樣，進到

· Streetify 的虛擬商店街

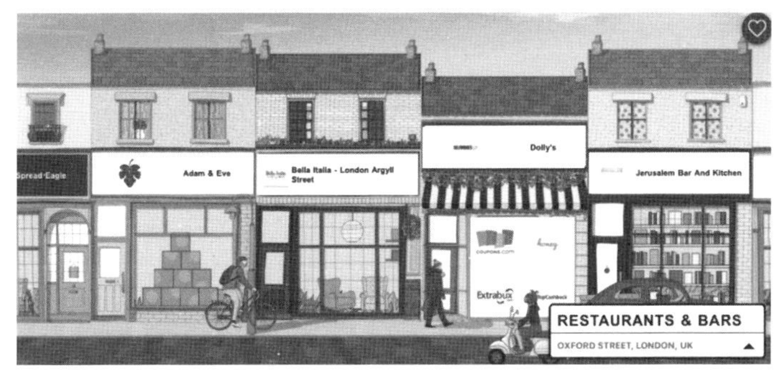

出處：www.streetify.com

商店逛逛、購物。使用者也可以選擇自己喜歡的商家，打造專屬於自己的購物街，並在社群媒體上分享。

時尚珠寶品牌「施華洛世奇」（Swarovski）推出了 VR 購物服務，顧客能夠穿戴 VR 裝置觀賞陳列的商品並進行購買。萬事達卡公司（Mastercard）則開發了結合虹膜辨識結帳系統的 AR 購物服務。運用 AR 裝置，顧客若掃視到想要購買的商品，便會顯示價格、原產地等許多資訊，還能連結至結帳程序。未來在元宇宙中所展開的虛擬商店競爭的激烈程度，將不亞於實體商店。

· 施華洛世奇的 VR 購物與付費服務

出處：www.newsroom.mastercard.com,
Mastercard And Swarovski Launch Virtual Reality Shopping Experience

4

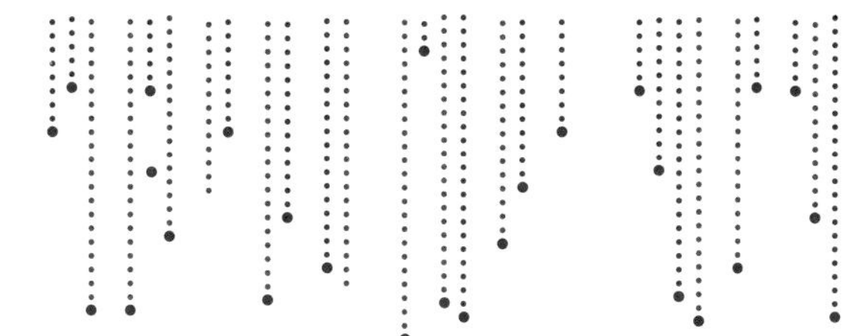

讓人邊玩邊看的廣告行銷

▶ 廣告革命的起始：元宇宙

在元宇宙時代，廣告的未來會是什麼樣貌呢？先回想一下網路革命時代吧！以新聞等傳統媒體為中心的廣告，迅速被網路、手機、社群網路服務給取代。網路出現至今也才 15 年，Google 等網路霸主卻比地球上所有的新聞、印刷媒體擁有更多的廣告。2020 年 Google 的廣告銷售額高達 188 兆韓元（約新台幣 4 兆 4 千多萬元）。觀察各媒體的銷售趨勢變化，便可以發現個人電腦革命與手機革命如暴風般經過的痕跡。2002 年開始至 2019 年為止，KBS 與 MBC

兩家電視台的廣告減少了一半；整體電視台廣告的銷售額於2002年為2兆7,452億韓元，但是2019年只有1兆1,958億韓元。這段期間，MBC[13]的廣告銷售額從6,584億韓元減至2,736億韓元，下降幅度最大。MBC已經連續3年呈現營運虧損的狀況，2020年的虧損規模達到966億韓元。相反地，數位廣告則急遽成長，2019年個人電腦與手機的廣告總額首次突破5兆韓元，原因在於檢索廣告與YouTube、入口網站等影像廣告市場的規模持續上升。[14]

現在開始，廣告市場必須面對「下一個世代的網路」（next version of the internet），也就是所謂的元宇宙革命，全新的競爭即將開始。在即將來臨的元宇宙新時代，我們將與虛擬人一起生活在全新的元宇宙平台，生活在虛擬與現實之間。廣告勢必會納入人、空間與時間構成的全新元宇宙體驗中。人們聚集的平台會帶來錢潮，廣告也會隨之而來。我們早已在網路時代證實了這個道理。人潮、資金還有廣告都將持續湧入元宇宙。

▶ On Air：元宇宙

在虛擬世界上演的「《英雄聯盟》2020 賽季世界大賽」創下了史上最長觀看時間與最多觀看人數的紀錄。職業電競《英雄聯盟》世界大賽的 5 週期間，累積觀看時間突破 10 億小時；決賽則透過 16 種語言、21 個平台進行全球直播。根據統計，決賽同時觀看人數最多為 4 千 6 百萬人。

Nike 並沒有錯過這個許多人聚集在元宇宙空間的機會。Nike 抓準《英雄聯盟》的賽事期間，製作了史上第一個虛擬運動廣告。由於新冠疫情使得大部分的傳統實體運動比賽被迫暫停，《英雄聯盟》這類虛擬運動反而出現上漲趨勢，因此 Nike 才會決定在虛擬運動領域中傳遞品牌訊息。這個廣告趣味地呈現出在 2021 年初退休的《英雄聯盟》職業玩家簡自豪（Uzi），其帶領的虛擬運動團隊 Camp Next Level 為了獲勝而進行虛擬體育訓練的過程。選手們為了做出快速的手部動作，必須進行魔術方塊破解訓練，而為了訓練意志力，必須阻擋大量湧現的惡意留言，並透過拳擊訓練鍛鍊體力。透過 XR 出場的簡自豪表示，為了取得冠軍，體力與意志力都很關鍵，睡眠以及健康的

· Nike 的英雄聯盟世界大賽廣告「Camp Next Level」

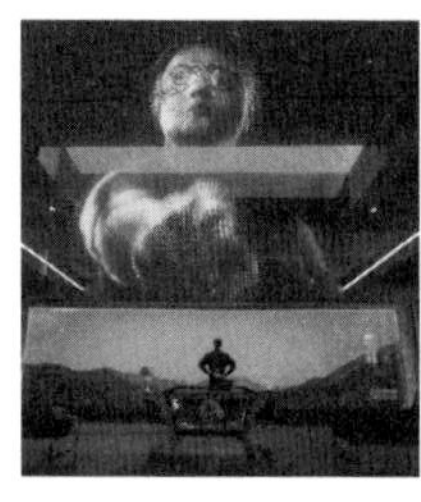

出處：Nike Esports, CAMP NEXT LEVEL 2020

飲食攝取也很重要。

《要塞英雄》的玩家們也會穿著 Nike 的產品，在美國 NFL（國家美式足球聯盟）賽季期間則會穿上替自己支持隊伍加油的虛擬服飾。品牌因此獲得曝光，進而刺激其他玩家的購買欲望。

在《英雄聯盟》的比賽場地中，也可以看見萬事達卡公司的戶外廣告。此外，也有許多品牌與《英雄聯盟》發行公司「銳玩遊戲」（Riot Games）合作，投放類似於傳統體育比賽場地常見的橫幅廣告。這些橫幅廣告並不會顯現在參賽職業選手們的畫面中，只會顯現在觀眾所觀看的畫面上。目前在《英雄聯盟》的區域賽事與世界大賽中進行

· 要塞英雄的 Nike 廣告及 NFL 道具販售

出處：英雄聯盟、要塞英雄官方網站，www.verizon.com

廣告合作的公司已多達 50 家以上。在《要塞英雄》中同樣可以看到美國最大電信公司威訊無線（Verizon）的戶外廣告，而且在虛擬 NFL 體育場的威訊無線廣告也安排得與現實場館一模一樣。

美國的速食連鎖店溫蒂漢堡（Wendy's）也透過《要塞英雄》獲得了全新的廣告機會。在《要塞英雄》推出的某個活動中，玩家必須選擇加入披薩隊或漢堡隊，於是溫蒂變身為魅力十足的遊戲角色——紅髮女戰士，在遊戲中擊碎漢堡冷凍櫃（Burger Freezer）。這是為了展現出溫蒂漢堡「不使用冷凍肉品」（Doesn't Do Frozen Beef），並強調「使用新鮮肉品」（Keeping Fresh）的概念。女戰士溫蒂擊碎冷凍櫃的戰鬥畫面透過直播創下了 150 萬分鐘的觀看紀錄，前 10 個小時的直播中，共有 43,500 則留言。觀看直播的觀眾對於溫蒂這個角色十分瘋狂。這與溫蒂漢堡過去用影片廣告傳遞品牌訊息的方式不同，而是運用了擁有 3 億 5 千萬名使用者的元宇宙平台。這個廣告在坎城國際創意節上，打敗了 Nike 拿下「社群及影響者創意獎」。

LG 電子也在虛擬生活互動遊戲《集合啦！動物森友會》建造了「OLED 島」這個虛擬空間，目的就是讓更多

· 溫蒂漢堡的要塞英雄廣告

出處：要塞英雄官方網站與 YouTube

人知道 LG 的 OLED 電視。《集合啦！動物森友會》的使用者只要輸入參觀碼（夢境門牌），都可以參觀 OLED 島。LG 電子運用 AI 技術打造的虛擬人物金來兒也造訪過，並在 IG 上分享自己在《集合啦！動物森友會》遊玩的影片及照片，這是將虛擬空間與虛擬人物進行連結的廣告策略。

2020 年 4 月，日內瓦汽車展因為新冠疫情取消之後，福斯汽車便自己開辦了 VR 汽車展，向全世界展示福斯汽車的新型車款。虛擬車展讓顧客可以參觀各個攤位，還能進行變更車體顏色、輪子組成等許多不同的體驗。

福斯汽車打造的所有車型與攤位都能夠讓參與者進行

· LG 電子的動物森友會廣告

出處：www.live.lge.co.kr

互動，顧客可以像參觀實體汽車展一樣獲得極具臨場感的體驗。福斯汽車行銷長約亨・森皮葉爾（Jochen Sengpiehl）提到：「這個首度問世的數位攤位是福斯汽車為了提供未來創新網路體驗的全新嘗試，也只是永續發展的前奏。善用 VR 所提供的機會是福斯汽車追求數位化的策略之一。在未來不只是體驗行銷，也是品牌呈現、顧客與忠實粉絲互動交流的必要元素。」

・福斯的虛擬車展

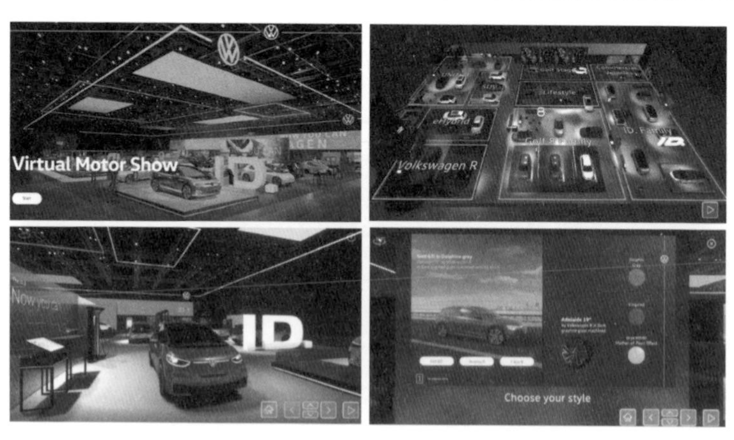

出處：https://avknewsroom.com/news/vw-virtual-motor-show/

▶ 名牌的元宇宙廣告大戰

元宇宙正上演著名牌的廣告大戰。義大利名牌范倫鐵諾（Valentino）在任天堂的 Switch 遊戲《集合啦！動物森友會》中舉辦了時裝秀，也將實體新產品製作成虛擬物件。這款遊戲是一個生活互動平台，能讓虛擬角色建造房子與村莊，並與鄰居交流，它在 2020 年 3 月推出以後，全球累積的銷售量超過 3 千萬套。美國的 Marc Jacobs 與 Anna Sui 等時尚設計品牌也都在這個元宇宙平台推出了自己的新商品。

LV 則與《英雄聯盟》合作，推出了「聯名膠囊系列」

・范倫鐵諾的新產品與動物森友會的道具製作

出處：范倫鐵諾、動物森友會的官方網站

商品，開賣 1 小時便全數售出。「膠囊系列」是指為了因應快速變化的流行趨勢，而將產品種類減少，並以小單位推出的一個系列。在《英雄聯盟》裡，也能看到有著 LV 標誌的服飾、鞋子、包包及飾品等。隨著名牌與元宇宙之間建立了關係，品牌行銷也開啟了新的篇章。

LV 的競爭對手 Gucci 同樣有所行動。Gucci 在 Naver 的元宇宙平台 Zepeto 中開設門市，推出服飾、飾品以及 3D 世界地圖，創下 300 萬的瀏覽數。除此之外，Gucci 也與手遊公司 Wildlife Studios 所發行的《網球傳奇》進行合作，展示了遊戲中玩家們的角色服裝，這些服裝也能夠在 Gucci 的官網購買，提供玩家往來於虛擬與現實之間的體

· Gucci 的 Zepeto 廣告

出處：GUCCI、ZEPETO

驗；不只如此，*Gucci Bee*、*Gucci Ace* 等共 9 款簡單的 Apple Arcade 遊戲也開發上市，讓使用者可以用 Gucci app 進行遊戲。

LV 與 Gucci 因為積極運用元宇宙，因而在美國專門研究 IT 領域的顧能公司（Gartner）的數位 IQ 指數，分別獲選為名牌類別的第 1 名及第 2 名。

5

臨場感十足的教學法

▶ 快點來，這樣的教育前所未有吧？

網路革命時代的線上學習（e-learning）正漸漸轉換成元宇宙教育。元宇宙時代的教育會是主動式學習，學生成為課堂的主角，主動提問並尋求解答。老師並非單方面傳遞資訊，而是與學生討論所體驗到的教學內容，並給予學生新的方向。此外，運用元宇宙的教育可透過臨場感加深記憶，強化教育的效果。

根據美國馬里蘭大學的研究，人們透過 VR 頭戴式裝置獲取資訊時，相較於 2D 呈現的資訊，能夠更有效記憶。

運用 VR 裝置的記憶準確度，也會比使用電腦高出約 8.8%；而且因為是透過整體的感覺來記憶，學習及記憶效果都能獲得提升。這項研究是以熟悉電腦與 VR 裝置的人做為受試者，研究團隊為了準確觀察記憶能力，創造出稱為「記憶宮殿」（memory palace）的虛擬空間，並在裡面配置許多照片再進行實驗。受試者使用電腦與 VR 裝置在上述空間中移動，記下畫有特定照片的位置。檢測記憶力的方式是在看完照片後休息 2 分鐘，再將照片與各個位置進行配對。這項實驗會在不同的虛擬環境中反覆進行數次。[15]

· 記憶宮殿實驗

出處：Eric Krokos, Catherine Plaisant & Amitabh Varshney（2019）, "Virtual memory palaces: immersion aids recall," *Virtual Reality*, 16 May

為了提升學習效果，多個研究及開發活動正如火如荼地進行著，希望透過結合 XR 與 AI 技術，強化與教育者之間的互動性。在語言學習平台「Mondly」，我們可以與 AR 所打造出的虛擬老師對話，或是在 VR 空間中進行情境體驗。由 Talespin 所開發的 VR 企業人力培訓程式則讓學員與虛擬化身對話，藉此進行人事管理等特定狀況所需的業務訓練。[16]

PwC（PricewaterhouseCoopers，普華永道）運用 Talespin 程式進行 VR 職務教育效果測定的研究，結果顯示，相較於在教室面對面教學以及線上學習，VR 教育在省時、專注力、學習效果等方面都有更好的結果。此外，VR 教育可減少職員教育時間，因而降低成本；而且參與訓練的人數越多，相較於其他學習方式也顯得更有效率。[17]

▶ 空難分析、外科手術、犯罪鑑識都能做中學

美國的航太專業教育機構安柏瑞德航空大學（Embry-Riddle Aeronautical University）運用元宇宙來強化大學競爭

力。這所大學採用線上教學已超過 20 年，其校園位於佛羅里達州的戴通納海灘以及亞利桑那州的普雷斯科特市，在佛羅里達州有 5,700 位大學部學生以及 600 位研究生，在亞利桑那州則有大約 2,000 位大學部學生。該大學還有一個以線上為基礎的國際校園，線上學生人數超過 2 萬 2 千名，全球各地的教學中心則總共有 130 個。

這所大學的核心教育領域為飛航事故與安全調查，目前正嘗試透過虛擬碰撞實驗室（Virtual Crash Lab）來轉型元宇宙大學。在開始使用虛擬碰撞實驗室之前，只有位在普雷斯科特市的學生才可以到實驗室進行實際體驗。不過，現在有了虛擬碰撞實驗室，全世界的學生都能以調查員的身分進到虛擬事故現場，體驗現場的所見所聞。學生可以在飛機駕駛艙目睹飛航事故，也可以聽到駕駛員與航空管制中心之間的對話，還能進行緊急應對措施評測、事故現場調查以及與目擊者的訪談；學生也可以照相或是進行測定，並修改、繳交自己的調查紀錄給教授。6 年前[1]，因為不是所有學生都能參與這樣的教學活動，所以這堂課

[1] 編按：此處是指 2014 年。

並非必修課；但教授們向學校提出了 VR 實驗室的建議，校方也欣然接受。副校長兼任資訊長的貝姬．威斯（Becky L. Vasquez）認為：「因為實驗室環境有其物理空間的限制，而我們也同意透過這個點子學生所能得到的潛在優勢很有前景。由於線上教學已經進行了 20 年以上，虛擬實驗室自然成為邁向新世代教育的進化方向。線上教育市場上的競爭者很多，透過虛擬實境實驗室，我們學校的競爭力將會更加提升。」

虛擬實驗室只花了 14 個月便完成，透過 VR 頭戴式顯示器、手機 app 等方式，24 小時都能夠隨時隨地使用。虛擬實驗室成立以後，大學的年收入約增加了 15 萬 4 千美

· 安柏瑞德航空大學的虛擬碰撞實驗室（左）與航空機器人

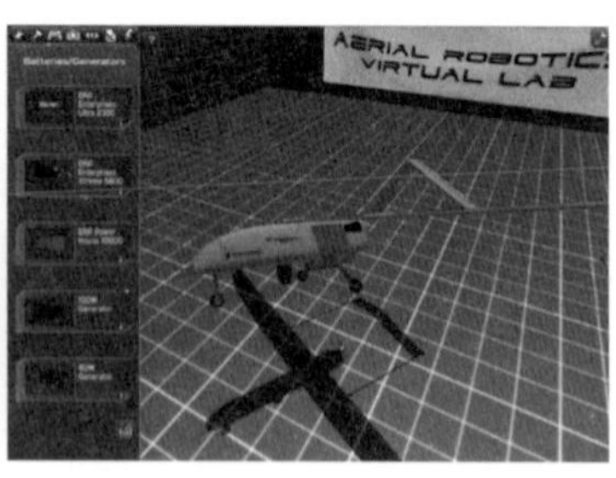

出處：https://worldwide.erau.edu/on-campus-learning

元。而學校並沒有停止創新，還將實驗室擴大成為航空機器虛擬實驗室（Aerial Robotics Virtual Lab, ARVL），並藉此開設了新的無人自動系統工程學課程，預計每年將額外增加 38 萬美元的收入。[18]

凱斯西儲大學（Case Western Reserve University）也積極將元宇宙應用在醫學院與藝術學院。相較於只用大體學習人體構造的學生，藉由微軟所開發的 XR 穿戴裝置 HoloLens 進行解剖學課程的學生，知識學習速度加快了 2 倍。[19] 藝術學院的學生則能將許多舞台表演透過元宇宙環境呈現，讓觀眾用 HoloLens 觀賞。架設實體舞台的費用較

· 凱斯西儲大學運用 HoloLens 進行醫療教育（左）及藝術教育

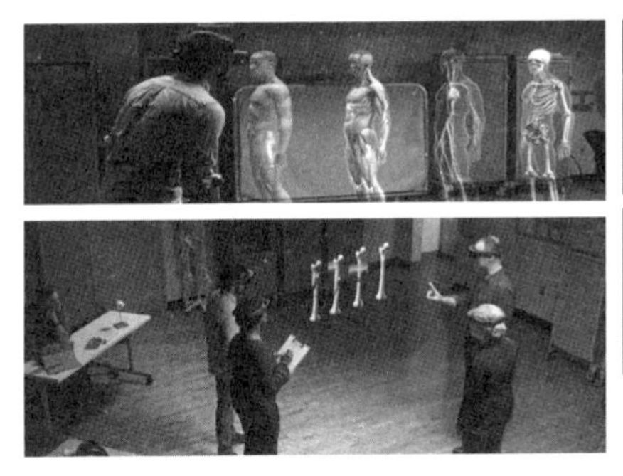

出處：微軟官方網站

高，管理維護也較困難，而且要將天馬行空的想像具體呈現出來也存在著限制，但是在元宇宙中卻能不受阻礙。

史丹佛大學為了因應腦部這類較危險的手術，也開始使用 VR 技術。過去多是以磁振造影（MRI）或電腦斷層（CT）掃描的方式確認腦部狀態，但現在的外科醫生則將這些圖像與 VR 技術結合，便能以 3D 形式觀看腦神經、腦溝、腦葉及靜脈。在進到手術房以前，也可以先做虛擬手術。醫學院的學生可以將擬真的數位肺部模型帶在身邊觀察，也可以進到心臟內查看瓣膜與血液流動的狀況，藉此學習解剖學。過去主要依照手術時間的長短，對學生的學習加以評分（時間越長暗示技術越不純熟，但其實未必如此）；若使用 VR，就可以根據學生的錯誤進行評分。

對於接受手術的病患來說，元宇宙環境也具有極大幫助。在史丹佛大學接受手術的 400 位神經外科病患，在手術前透過 VR 技術就能預先知道手術會如何進行。史丹佛醫學院的斯坦伯格（Gary Steinberg）醫師提到：「（VR）可以讓病患感到安心，也能讓他們知道手術確切會如何進行。」[20]

對於如何應對危險狀況的相關教育，元宇宙也非常有

· 史丹佛大學的神經外科 VR 模擬中心

出處：https://med.stanford.edu

用。因為不是每次都會發生危險狀況，即使透過模擬訓練也有其侷限，不可能使人完全感受到與真實情況相仿的臨場感。急診室的醫護人員必須與時間賽跑，並在高壓之下做出重要的決定。一般而言，這種情況需要高度熟練且經驗豐富的醫療人員。但是在醫療人員供給不足的狀況下，要讓熟練的醫護人員隨時待命並解決所有狀況卻是難上加難。傳統上，醫護人員是以人體模型與大體進行教育訓練，但是這樣的方式較難處理急診實際狀況時所發生的各種問題。

洛杉磯兒童醫院正與 AiSolve 及 VR 開發公司 Bioflight VR 合作，以虛擬方式營造出實際的急診室情境，再進行應對訓練。在虛擬空間發生的各種狀況都與現實情況一樣受到時間限制，所以醫護人員必須承受與實際狀況相當的壓力，集中精神冷靜處理。透過虛擬急診醫護訓練，受訓醫生可以演練實際狀況而不用擔心失手。[21]

位於波蘭華沙的科茲明斯基大學，針對法學院學生開發了虛擬 CSI，用途包含重現實際的犯罪現場、透過不同工具作現場分析，以及進行屍體檢驗等。科茲明斯基大學

· 洛杉磯兒童醫院的虛擬急救訓練

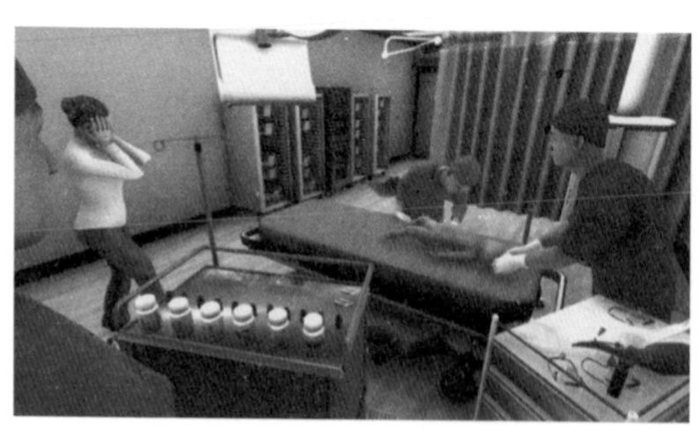

出處：www.forbes.com; AISOLVE

將它納入正式課程之中，針對學生們的犯罪分析技巧進行教學及評量。[22]

除此之外，企業管理學領域也運用了 VR 技術。學生在虛擬環境中，對準備作投資決策的管理階層進行報告演練，也必須對報告過程中所發生的狀況做出應對。演練結束以後，電腦會針對學生的各項表現進行分析，例如是否維持一定的說話速度、說話會不會太大聲或太小聲、姿勢動作是否積極有活力、有沒有運用肢體語言強調發言重點等。系統也會分析學生注視個別聽眾的時間，再將綜合評析結果呈現給教授，做為評分參考。

韓國浦項科技大學（POSTEC）分送了能夠即時觀看 VR、AR 的頭戴式顯示器給 2021 年入學的 320 位新生，讓學生可以隨時隨地在元宇宙環境中上課。物理學課程是第一個讓學生在虛擬環境中直接參與實作的實習課程，學生用 VR 上課以後，再各自繳交實驗報告。過去是透過觀看網頁影片或是文件資料來進行實驗，但實驗課程必須親身體驗才能感受到樂趣，因此逼真的 VR 課程將能夠提供更高的體驗效果。

· 科茲明斯基大學的法學與管理學領域的 VR 應用案例

出處：www.kozminski.edu.pl

澳洲坎培拉文法學校也將 HoloLens 應用在需要 3D 概念的教學課程中，主要是生物、化學、物理及數學，這是因為人體器官、化合物的分子構造、數學錐線等需要以 3D 概念才更為方便理解。

此外，也有高中在元宇宙中進行校外旅行。位於加拿大蒙特婁的聖伊萊爾學院因為新冠疫情而取消了原定的希臘校外旅行，學校的歷史老師凱文・費洛金（Kevin Péloquin）便運用了《刺客教條：奧德賽》計畫了虛擬旅行。這個計畫之所以可行，是因為遊戲中有「發現之旅」的模式。這個模式是與歷史專家、學者共同製作的旅遊主題遊戲。在遊戲中，可以像參觀博物館一樣四處逛逛，看看建築、文化資產，並了解相關歷史，還能聆聽語音解說。《刺客教條》系列的〈奧德賽〉與〈起源〉都有這個模式；其中，〈奧德賽〉的「發現之旅：古希臘」包含了希臘 29 個地區裡的 300 多個名勝景點，共分為著名城市、日常生活、戰役與戰爭、政治與哲學、藝術與神話等五大主題，讓人可以自由參訪古希臘，也能夠挑戰問答測驗。

企業的教育訓練也有運用元宇宙的案例。沃爾瑪公司（Walmart）提供了 1 萬 7 千個 VR 頭戴式裝置給美國境內 5 千個賣場的工作人員進行教育訓練。沃爾瑪與 VR 教育應用程式開發公司 StriVR 合作，建構出能夠同時讓 100 萬人使用的教育訓練系統，透過這個系統可以進行技術與服務

· 遊戲刺客教條的發現之旅

出處：Ubisoft

· 沃爾瑪的 VR 教育訓練

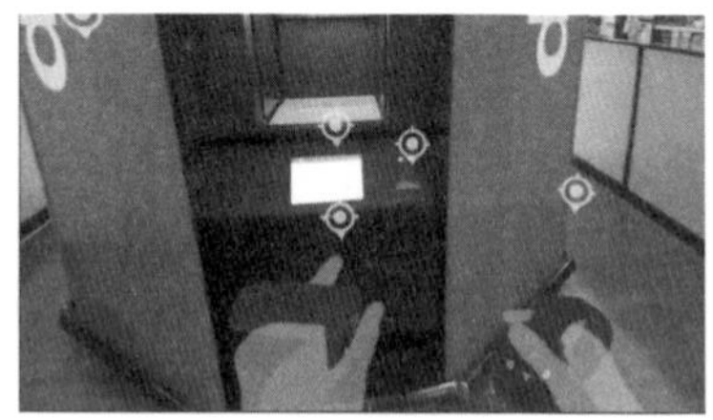

出處：www.blog.walmart.com, "How VR is Transforming the Way We Train Associate"

教育，包括商品陳列擺放的方式或是商品載運機器的使用方法等，也可以進行自律遵守事項等教育，進而能提高自家教育訓練單位的營運效率。

6

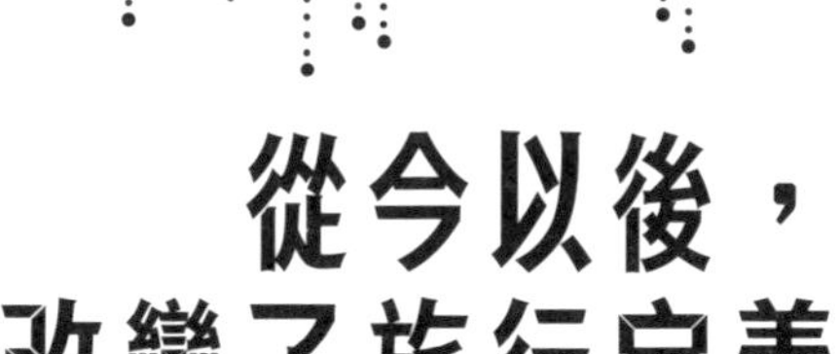

從今以後，改變了旅行定義

▶ 因元宇宙表演而聚集的人們

隨著元宇宙空間被當成演唱會場地，有更多的人加入元宇宙之中，遊戲平台《要塞英雄》也已成為元宇宙相當具代表性的表演場地。2020 年 9 月 25 日防彈少年團（BTS）公開了新歌 *Dynamite* 的舞蹈影片，而他們所選的平台不是 YouTube，也不是音樂節目，而是《要塞英雄》。觀看表演的玩家可以邊聽音樂邊跳舞，享受活動，還可以購買相關遊戲產品。

除了 BTS，也有許多國際音樂人透過《要塞英雄》發表新歌或是舉辦演唱會。像是美國的 DJ 棉花糖、史考特、薩格（Young Thug）、希拉（Noah Cyrus）等人。DJ 棉花糖於 2019 年 2 月在《要塞英雄》舉辦了演唱會，當時同時觀看人數多達 1,100 萬人；2020 年 5 月，美國人氣饒舌歌手史考特在《要塞英雄》舉辦的演唱會，共吸引了 1,230 萬名的觀眾觀看。他的虛擬演唱會收益，比實體演唱會多出了 10 倍以上。

《要塞英雄》不只能讓歌手演出，也曾在遊戲中的 3D 社群互動空間 Party Royale 舉辦短篇動畫電影節 Short Nite，播映奧斯卡金像獎的短篇動畫入選作品以及世界著名的短篇動畫，只要是《要塞英雄》的玩家，就可以選取

· 元宇宙演出案例

BTS 的要塞英雄公演

要塞英雄的 Short Nite 動畫電影節

納斯小子的 Roblox 演唱會

出處：參考要塞英雄、Roblox 官方網站與 YouTube

想要的語言與字幕後進行觀賞。《要塞英雄》為了讓玩家可以邊吃爆米花邊享受電影節活動，在電影節前一天也在虛擬商店販賣巨無霸爆米花。除了《要塞英雄》以外，另一個受到關注的美國遊戲平台 Roblox 也舉辦過演唱會。美國著名饒舌歌手納斯小子（Lil Nas X）2020 年 11 月在 Roblox 舉辦的虛擬演唱會，短短兩天約有 3,300 萬人參加。

元宇宙表演的優點，在於可以把想像具體呈現出來。想要與已故歌手一起表演也不是問題，2020 年 12 月，混聲團體「烏龜」的隊長「林成勛」（Turtleman）也出現在舞台上，距離他過世，已經過了 12 年。烏龜的隊員李祉易（Z-E）與孫延玉（GeumBi）對於這種超現實體驗感到激動不已。除此之外，留下《像雨像音樂》以及《我的愛在我身邊》等名曲而離開人世的金賢植也舉辦了表演。原本看似再也無緣觀賞這兩個人的演唱，但透過元宇宙也能呈現這類特別的表演。

在元宇宙中，使用者不只是旁觀者，而是以參與者的身分行動，所以可以強化體驗的效果：演員與觀眾之間的第四道牆被打破了，觀眾也能參與其中。京畿道愛樂管弦樂團 2020 年 11 月的演出以《元宇宙表演：未來劇場》做為主題，並加入了遊戲的元素，讓現場與線上的觀眾都能參與表演。如同遊戲玩家透過指令操控虛擬角色一樣，線上觀眾也可以選擇指令，決定表演的進行方式。舉例來說，直播表演的 Twitch 電視畫面上若出現「請選擇相聲或是說唱」的問題，選擇說唱時，說唱者便會站上舞台，介紹接下來要進行的表演。觀眾也可以從「大笒與伽倻琴」之中選擇想要聽的獨奏表演，之後還能選擇繼續聽下去，或是變更為其他樂器。

京畿道愛樂管弦樂團在表演開始之前，會準備 12 個問題，方便觀眾選擇表演形式。線上觀眾經由多數決投票來決定最終的指令，他們還可以替五位人在表演現場的「現場體驗觀眾」決定動線。現場體驗觀眾會在身上裝配穿戴式攝影機，再戴上耳機，透過直播主持人來接收線上觀眾所下的指令。現場觀眾變成了遊戲中的虛擬化身，線上觀眾則成為玩家。[23] 這種方式跳脫了傳統，不再只讓所有觀眾坐在位子上聆聽演奏，因而能讓觀眾擁有全新的體驗。

‧京畿道愛樂管弦樂團的「元宇宙表演：未來劇場」演出場景

▶元宇宙正在舉辦活動

貝佐斯、祖克柏、馬斯克等全球具創造力的人才，每年都有一個令他們期待的活動，那便是在內華達州黑石沙漠舉辦的火人祭（Burning Man）。大約會有 8 萬多人聚在一起分享自己的創作作品，最後兩天則會焚燒大型神殿與人形造型木像的活動。火人祭是立基於深奧哲學思想的活動，認為人性根源並非「金錢」，而是「創作欲望」。活動禁止金錢交易以及企業贊助，參與者只能互相交換以創意所製作的東西。

因為新冠疫情導致每年都舉辦的實體活動無法舉行，火人祭便改為元宇宙活動，為此還打造出面積約半個汝矣島❷大小的虛擬沙漠。這是 1986 年開始舉辦至今的創作者活動首次在虛擬空間中舉辦。將活動轉移至元宇宙的龐大作業，透過火人祭社群的自主參與而得以解決。火人祭主辦單位表示：「為了在虛擬空間中打造出黑石城（舉辦火人祭的地點），有多達 1 萬 4 千多人宣示，不論以何種型態都會參加活動。」2019 年火人祭的參與人數約為 8 萬人，2020 年的元宇宙火人祭則約有 50 萬人參與。

· **實體火人祭（左）與元宇宙火人祭**

出處：火人祭官方網站

❷ 編按：汝矣島是位於韓國漢江上的一座小島，面積 8.4 平方公里。該島是首爾的金融與投資中心，也是許多韓國大企業的總部所在，被譽為「韓國的華爾街」。

此外，也有大學在元宇宙中舉辦校慶活動。大學生活不可或缺的校慶活動因為新冠疫情而被迫取消，不過韓國建國大學將校園移至「建國宇宙」這個虛擬空間，並舉辦了校慶，讓人不只是單純參觀建國宇宙的景觀，還可以參觀各個學院建築，或是參與在校園各個地方的活動內容，包括第一人稱虛擬空間展示場 VVS（Vivid VR Showroom）、虛擬密室逃脫、各式各樣的電子競技賽事，以及各種展覽與表演等。

▶ 刺激到令人冒汗的元宇宙競賽

雖然因為新冠疫情的社交距離規範而終止了實體體育競賽，但虛擬空間卻舉辦了超越時空感的刺激競賽。因此引起關注的「虛擬運動」競賽，是美國的高人氣賽車 NASCAR。[24] NASCAR 擁有 60 多年的歷史，是全美最大的賽車活動，過去會轉播到全球 150 多國，每年創造 20 億美元（約新台幣 553 億元）的利潤。受到疫情影響，原定賽事被迫取消；不過，比賽轉換到了元宇宙，改為舉辦

「eNASCAR iRacing Pro Invitational Series」，提供多種極具臨場感的競賽內容，由福斯體育（Fox Sports）負責轉播，也對選手進行採訪，並由新冠疫情痊癒的湯姆·漢克斯負責演唱國歌。該競賽每週吸引 90 多萬名觀眾觀賽，第 1 週的觀賽人數為 90 萬 3 千人、第 2 週為 130 萬人；收看第 1 週比賽的觀眾中，甚至有 22 萬 3 千人過去從未看過 NASCAR 賽事。

在轉型為元宇宙的 NASCAR 競賽中獲勝的丹尼·漢姆林（Danny Hamlin）表示，「除了撞車的時候之外，一切都跟真的一樣。」世界一級方程式賽車 F1 也透過元宇宙，舉辦了虛擬 F1「Virtual Grand Prix」和虛擬自行車大賽「Virtual Tour of Flanders」。現役 F1 賽車手同時也是虛擬 FI 冠軍的查爾斯·李克勒（Charles Leclerc）表示：「這絕對不容易，真的很辛苦。雖然我們坐在椅子上比賽，沒有實際賽車的慣性作用力，但我卻瘋狂的出汗。」虛擬自行車大賽冠軍格雷格·範·阿維馬特（Greg van Avermaet）也表示：「雖然是虛擬空間，但有加油的粉絲，也有廣告看板，跟真實競賽很像也不違和；運動強度也跟真實競賽差不多，所以我準備虛擬比賽時，也必須像平日一樣地訓練。希望未來會舉辦更多虛擬競賽。」由此可見，元宇宙競賽有多麼令人身歷其境了。

原本的電競卡丁車大賽也利用 VR 舉辦賽事，展開虛擬應援較勁。[25] 卡丁車聯盟透過 VR 現場直播，同時還打造了數十間虛擬房間，讓觀眾的虛擬化身穿戴華麗裝扮與加油應援道具，齊聚在設置大型螢幕的虛擬空間中施放煙火、展開應援較勁。「2020 英雄聯盟韓國冠軍聯賽」（LCK）的決賽因新冠疫情而採無觀眾的方式進行，但透過 VR 的實況轉播增添了臨場感。透過 VR 觀賽，賽場的轉播遊戲畫面與選手的表情都能 360 度呈現，變得栩栩如生，因此能使人感覺像是真的坐在觀眾席上。[26]

Epic Games 的元宇宙平台《要塞英雄》在 2019 年 7 月於美國紐約舉辦了第一屆「要塞英雄世界盃」。這個賽事的規模極大，光是從 2019 年 4 月起就花了數個月，先舉行十次線上預賽。賽事總獎金為 3 千萬美元（約新台幣 8 億 3 千萬元），優勝獎金則為 1,150 萬美元（約新台幣 3 億 2 千萬元），比 2019 年高爾夫球王老虎伍茲的獎金高出 1.5 倍，總獎金也比世界最具名望的高爾夫球大賽高出將近 3 倍。[27]

在元宇宙時代，觀看體育賽事的方式也會改變。從 NFL 的 App 上使用美國電信公司龍頭 Verizon 的虛擬超級球場時，粉絲可以從 7 個方向的攝影角度遊走於現場。此外，也可以透過 AR 感受到彷彿置身於球場中央的體驗。為此，Verizon 與製作 3D 內容、營運平台的企業 Unity 聯手，對 NFL 球場進行了 3D 掃描。Verizon 也計畫為 28 個 NFL 球場全都裝設 5G 網路。

▶ 出發吧，元宇宙旅行

新冠疫情中斷了觀光旅遊，但大眾對虛擬旅行的興趣

· 虛擬觀光的網路搜尋量變化

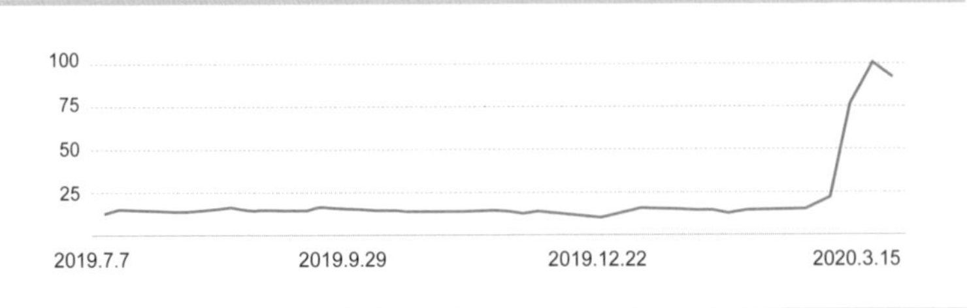

出處：軟體政策研究所（2020），「遠距時代的遊戲改變者，XR（eXtended Reality）」

仍持續增長，而透過元宇宙我們可以前往地球上的任何地方。

旅遊保險公司 InsureMyTrip 公布新冠疫情期間，Google 搜尋量成長最快速的虛擬導覽名勝景點。其中，法國的羅浮宮排名第一。[28] 羅浮宮博物館開發出虛擬導覽服務，透過 VR 展示收藏品，至今已累積超過 1 千 5 百萬名訪客。

住宿共享平台 Airbnb 也提供虛擬旅遊體驗服務。讓旅客上線感受在地旅遊的體驗。目前有超過 150 個行程，你只要完成付費，平台就會在指定時間發送連結給你。你可以獲得多種不同的體驗，像是向巴黎的老麵包店老闆學習

· 虛擬羅浮宮博物館

出處：https://petitegalerie.louvre.fr

如何製作麵包，或是參加雅典街道的壁畫導覽之旅等。其中一項行程是向西班牙釀酒工匠學習釀酒方法，它在一週內便創造了 2 萬美元的業績。不只如此，平台也包含了現實中難以體驗到的車諾比導覽行程。

此外，各種 VR 之旅服務也應運而生，以排解在居家防疫時的沉悶感受，[29] 像是透過 Google 地球 VR 讓人體驗「羅馬競技場」等全球著名旅遊景點；而 Gala360 的特色在於提供了在世界各地拍攝的 360 度環景照片，讓用戶享受到虛擬旅程。Gala360 可以輕易透過手機使用，就算沒有 VR 頭盔，也能借助網頁瀏覽器觀看景點；平台上的「名人堂」也準備了專家拍攝的高品質 360 度景點照片，以及美國 NASA 在火星上拍攝的 360 度照片，供大眾以 VR 欣賞。除了這些，還有可以透過 VR 欣賞聖母峰的「EVEREST VR」與藉由 VR 走訪美國大學校園的「YouVisit」，也有讓用戶欣賞旅遊景點時如臨其境的「Realities」。

除了事先預錄的 VR 影像，還有能讓用戶親身尋訪旅遊景點的虛擬觀光。法羅群島（Faroe Island）是個比韓國濟州島還小，人口只有 5 萬的島國。法羅群島開始提供一種全新的觀光體驗，當遊客登入網站時，就能見到頭戴攝

· 法羅群島虛擬觀光

出處：www.remote-tourism.com

影機的虛擬化身。這虛擬化身是真實的人，由當地居民與觀光機構人員扮演，負責觀光導覽。線上遊客可以像操縱遊戲角色般，操控這個虛擬化身，讓他依照自己所想的方向探訪島嶼，而觀光主題也會每天更換。

7

找房子？何時看房都不算任性

房地產產業也吹起了元宇宙風潮。只要運用元宇宙，就能超越時空觀看住宅或建築物的內外，也不需要為了房地產交易，每次都要與房東約時間見面。尚未蓋好的房屋，也可以用虛擬的方式看到完工後的樣貌，不再需要建造房屋銷售完畢就要拆掉的樣品屋。而世界各地的房地產買家，都可以透過元宇宙查看具有潛力的房地產。

房地產公司Zigbang的問卷調查顯示，對於「買房時，在不前往現場的情況下，你願意只根據 3D、VR 的資訊簽約嗎？」這樣的問題，1,152 人中有 876 人（76%）回答「願意」；回答「未來有意願使用 3D、VR 房地產資訊」的人也占了 89.8%（1,034 人），呈現相當高的比例。高盛（Goldman Sachs）預測，到 2025 年為止，透過 VR 與 AR 為基礎的房地產規模，將會達到 800 億美元（約新台幣 2 兆 2 千多萬元）。

中國的虛擬房地產平台「貝殼找房」也在提供 VR 賞屋的服務。雖然新冠疫情使得中國從 2020 年 1 月起至 3 月為止，共有 110 家房地產公司倒閉，但貝殼找房的住宅搜尋次數反而劇增。2020 年 2 月使用 VR 查詢住宅的次數是 1 月的 35 倍，達到每日平均 35 萬次的紀錄，而目前在中國超過 120 個城市總共提供 330 萬件以上的虛擬賞屋。

· 貝殼找房的虛擬賞屋

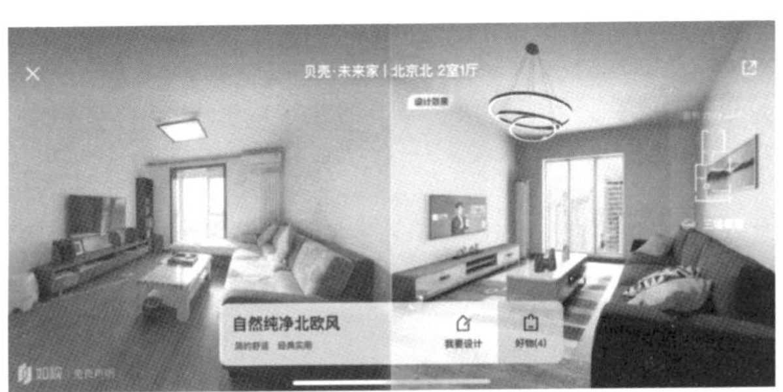

出處：www.supchina.com

美國企業 Matterport 擁有以 XR 為基礎的建築，可以運用 3D 攝影機將實際空間轉換成虛擬空間。製作的空間數據會儲存在雲端建築用平台，運用在房地產、虛擬賞屋、展覽館、旅遊等多種用途。Matterport 也與 Zillow、JP & Associates 等房地產與建築業者合作，持續擴大虛擬空間。根據 Matterport 所述，74% 的房仲在使用 Matterport 後，成交的案件增加了；而對房屋詢價的人之中，有 95% 在利用 Matterport 的 3D 虛擬賞屋之後，沉浸度比起只看 2D 圖照時提高了 300%。此外，法國巴黎銀行（BNP Paribas）也與法國的 Vectuel & RF Studio 攜手，將房地產

· BNP Paribas 的虛擬房地產服務

出處：BNP Paribas Real Estate

虛擬視覺化，供房地產購買者參考之用。

韓國的 3D 空間數據平台公司「Urbanbase」是將現實住宅與公寓虛擬化的新創公司。只要將公寓的平面圖輸入 Urbanbase 的虛擬空間轉換程式後，就會立即顯現出公寓的 3D 空間，而你可以在這樣的虛擬空間中，依照需求試著配置各種家具與電器用品。這個程式是根據法定的建築設計標準，透過電腦推測高度，進而將平面圖立體化。過去在設計建築時，只能看著平面圖去想像完工後的建築物；但是現在透過 VR 的 3D 房屋模型，就能有效提高工作效率。

· Urbanbase 的虛擬空間呈現樣貌

出處：Urbanbase

Olim Planet 是專精於沉浸式科技的韓國 VR 公司，他們提供的房地產仲介方案「ZipView」，是 2015 年以銷售商用房地產為目標所開發的 VR 服務。這項服務以 VR 涵蓋從參觀樣品屋至成交的整個過程。由於使用實際的建築內部設計圖來建構虛擬空間，因此買方不用親自去現場就能參觀標的。Olim Planet 採用自家的虛擬不動產仲介方案，目前在韓國內外經營 100 多個網路樣品屋。原本到 2016 年為止，只有 6 個客戶；但每年翻倍成長後，到 2020 年已經推動了 300 多個專案。營收則從 2015 年的 4 億 3 千

· Olim Planet 的虛擬賞屋

出處：Olim Planet

9 百萬韓元（約新台幣 1 千多萬元），到 2020 年遽增為 60 億 1 千 7 百萬韓元（約新台幣 1 億 4 千多萬元）。藉由虛擬房地產仲介方案的競爭力，Olim Planet 正在將業務領域擴展到建築、購物和通路等產業。

韓國房仲 app「Dabang」計畫推出 VR 賞屋、3D 社區導覽、影片賞屋與電子簽約系統。使用者將可透過 app 親自挑選經過驗證的物件，而且從簽約到匯款都可以在線上進行。當電子簽約系統引進之後，承租人可免去奔波的勞累，在線上選擇物件並立即完成簽約；出租人則可以將自己的房地產物件登記在 Dabang 平台上，讓承租人透過 VR 查看。Dabang 也設有物件驗證組，他們會針對 50 多個項目進行分析，提供像是發霉、熱水供應等各種房屋交易所需資訊。承租人和出租人可在 Dabang 房地產平台用線上署名完成簽約，而簽約資料則會儲存在平台裡。

房地產 app「Zigbang」也在使用 VR。2020 年上半年套用「VR 賞屋」服務的物件，搜尋數比前一年同期增加了 5.1 倍，詢價數也增加了 9.7 倍；相較於沒有套用 VR 的物件，搜尋數則高出 7.3 倍，諮價數則高出 3.8 倍。使用 VR 後，無論是買賣還是承租的簽約率都有所提升。[30]

· Zigbang 呈現的 VR 手機樣品屋

出處：Zigbang

另有一款房地產交易遊戲《地球 2》（*Earth 2*），則不再只是以元宇宙呈現現實中的房地產，而是將虛擬地球如實際買賣房地產般進行虛擬房地產交易的遊戲。《地球 2》是在 2020 年 11 月由澳洲開發商肖恩・伊薩克（Shane Isaac）以 Google 衛星地圖為基礎開發的虛擬地球。在《地球 2》確認房地產資訊時，會以買家的國籍與國旗標示。國家可以在個人資料設定變更，因此不一定與真實國籍一致。根據《地球 2》公開的資料，在《地球 2》中，韓國人投資的資產規模達到 626 萬美元（約新台幣 1 億 7 千多萬元），在全球排名第 3 名。2021 年 4 月初為 276 萬美元（約

· 地球 2

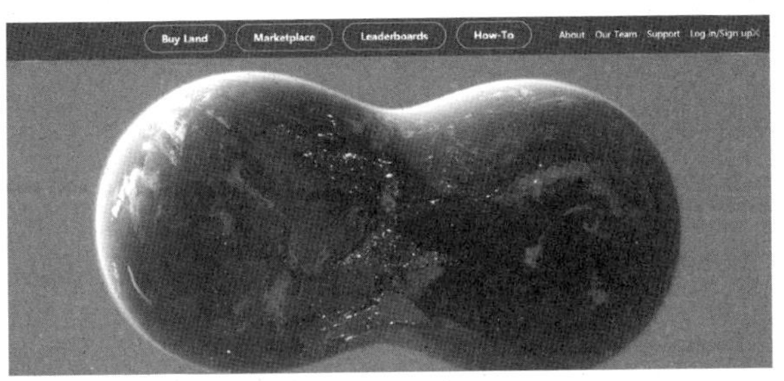

出處：地球 2 官方網站

新台幣 7 千 6 百多萬元）、5 月初為 446 萬美元（約新台幣 1 億 2 千多萬元），3 個月內，每月增加 200 多萬美元。韓國用戶的累積交易量則為 56 萬筆，僅次美國的 60 萬筆，排在第 2 位。

METAVERSE

第4章

元宇宙，改變社會

BEGINS

1

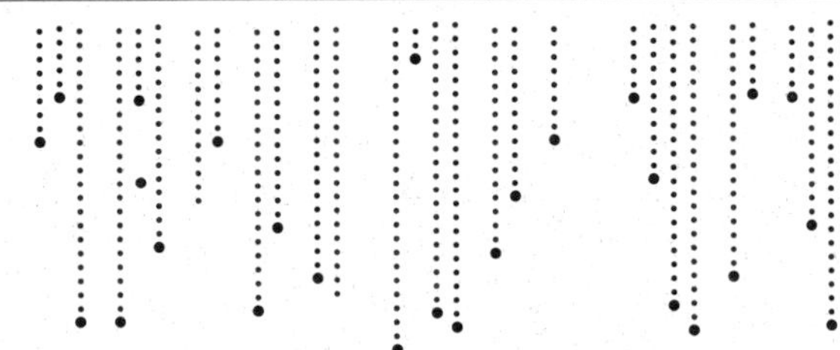

為善的元宇宙

▶ 進入他人的世界換位思考

我們的社會存在許多不同的問題，包含身心障礙、歧視、社會孤立等，這些問題都是我們長久以來一直無法解決的難題。第 3 章提到元宇宙革命可以革新各種產業，更是提升生產效率的創新工具。但除此之外，元宇宙是否可以在產業以外的領域發展，成為解決各種社會問題、為社會帶來創新的動力？元宇宙是否能促進社會互相體諒，並創造出讓人們對於社會問題更具有同理心也更願意參與的機會？元宇宙是否能為人們帶來夢想與希望，賦予他們克服歧視、身心障礙和恐懼的勇氣呢？

我們可以透過元宇宙增進相互理解及同理心。運用複合通用技術打造出具備 4I 的差異化體驗價值，能讓人、空間和時間進行重組，進而能站在他人的立場換位思考並產生同理心。元宇宙正在挑戰社會上的許多問題。

▶ 如果孩子想見聖誕老公公

元宇宙為人們帶來夢想與希望。每年 12 月 24 日深夜到 25 日凌晨，全世界最忙碌的人就是聖誕老人。根據科學家的計算，聖誕老人是以時速 818 萬 300 公里，等同每秒 2,272 公里的驚人速度，搭乘雪橇拜訪世界各地的小朋友。

根據問卷調查結果，有 15% 的受訪者在聽到「世界上沒有聖誕老人」這一句話時，會出現遭到背叛的感覺，甚至有 10% 的受訪者會感到憤怒，且有 30% 的受訪者認為會影響對大人的信任度。[1] 如果孩子堅持要見到聖誕老公公時，怎麼辦？想要獲得孩子的信任嗎？在元宇宙中，我們將可以見到虛擬的聖誕老人。

芬蘭羅瓦涅米（Rovaniemi）是著名的觀光景點，每一年都會有數十萬觀光客前來拜訪聖誕老人，因此當地觀光局以及聖誕老人的官方航空公司芬蘭航空（Finnair）為了迎接聖誕季，在2020年12月25日首次推出VR聖誕村旅遊服務，至今已舉辦了8次。你可以向芬蘭航空預約並選擇虛擬座位，每趟旅程的時間為30分鐘，價格為每人10歐元（約新台幣314元）。在VR中，不只可以享用空服員提供的茶點、欣賞滿天星斗的夜空，還可以觀賞極光。遊客在抵達冬天的羅瓦涅米之後可以跨越北極圈，進入聖誕老人的小屋與他見面。這項旅遊服務的收益將會透過聯合國兒童基金會，援助因新冠疫情而受到影響的孩子們。

· 羅瓦涅米的 VR 聖誕村

出處：www.visitrovaniemi.fi

「希望可以再見一次面」則是一位想念逝去女兒的媽媽以及一位與妻子永別的先生的願望。這個願望原本遙不可及，但是透過元宇宙就能實現。MBC 的 VR 紀錄片《遇見你》讓這位母親與因為血癌而離世的 7 歲女兒在虛擬世界中再次相見。這是運用 XR 與 AI 等技術，以虛擬方式打造出女兒的臉、身體、表情和聲音。媽媽在虛擬空間與女兒見面時煮了女兒愛吃的海帶湯，同時告訴女兒：「我愛你，從沒忘記過你。」更為她點了生日蠟燭。這一位母親在以虛擬方式見到女兒之後，在部落格上寫下這樣的話：「我見到了笑著叫我媽媽的女兒！雖然很短暫，卻是非常幸福的一段時光，如同夢到一直想要做的夢一般。相較於想念女兒的難過，我感到似乎更愛她了，同時更想要與身邊的孩子們開心地生活。可以再見到離世的女兒，讓我覺得不再愧對她。」相關的 YouTube 影片的單日瀏覽數已超過 1,300 次，受到高度的關注，且全球的觀眾們也寫下了許多留言。

第二個故事是先生與離世妻子重逢的故事。進入虛擬空間之後，映入眼簾的是與妻子一起生活的舊家擺設，他們的幾個孩子看到之後，異口同聲地笑著說：「是我們家。」

· VR 紀錄片《遇見你》

出處：MBC

從掛在牆上的全家福照片、陽台的鞦韆到汽車，這位先生與孩子們對於這一個以虛擬方式打造而成的家感到十分驚訝。先生在 VR 中問妻子：「你過得好嗎？現在不痛了吧？」兩人在充滿回憶的舊家跳了最後一支舞，他抱著妻子說：「謝謝你愛我！」並流下了眼淚。這一位想要見到妻子的丈夫，夢想實現了。

美國一位罹患重症的男孩名叫扎登·萊特（Zayden Wright），他的夢想是成為太空人。於是，「喜願基金會」（Make-A-Wish Foundation）——每年都協助數千位罹患重症兒童實現願望的慈善團體——決定與志工、NASA 研究員、美國空軍以及元宇宙內容製作公司共同合作，協助扎登實現夢想。扎登擁有豐富的想像力與熱情，他滿懷創意又生動地描繪出心中的願望，像是他要搭乘的太空船的顏色、在太空旅行途中會看到多少星星，以及如何對待迎接自己的外星人等細節。扎登提出的願望看起來似乎毫無可能，但是透過 VR 的方式卻得以實現。扎登的神奇願望是基金會首次以虛擬方式實現的願望，更獲選為基金會的《最佳創新願望獎》。製作虛擬空間的查德．艾克夫（Chad Eikhoff）認為：「VR 可以帶領我們前往過去無法想像可以到達的地方，藉由創意加上技術，就能如同魔法般實現扎登的願望。」

．VR 實現扎登的神奇願望

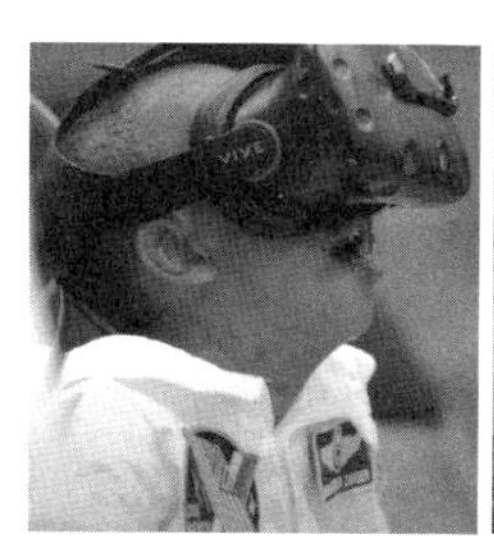

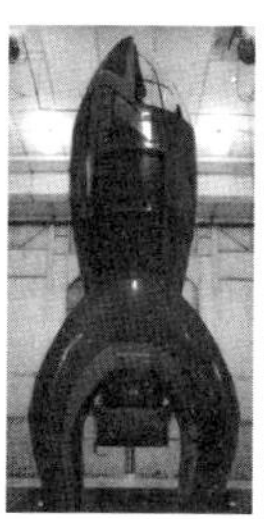

出處：喜願基金會

▶ 超越偏見與害怕，從體驗開始

根據美國聯邦調查局（FBI）的調查，2018 年美國發生了 7,120 件仇恨犯罪，其中 57.5% 是因為種族偏見而引起，而 46.9% 的受害者為非裔，為比例最高的族群。[2] 在沒有網路的時代，遊客需要依賴旅遊指南，查找旅途上的住宿地點與餐廳的相關資訊。在美國 1930 年代中期至 1960 年代後期，許多飯店與餐廳拒絕非裔人士進入，於是有人另外推出旅遊指南，彙整了非裔族群可以前往的地點，這就是所謂的《綠皮書》（*Green Book*）。

以非裔族群首當其衝的種族偏見與歧視已存在許久。如何解決這類問題呢？雖然已經有許多方案被提出，不過，最重要的第一步仍是必須讓人們相互理解與具有同理心，然後更進一步地實際站在對方的立場看事情。在元宇宙中就能進行這類體驗。虛擬體驗紀錄片《當黑人旅行》（*Traveling While Black*）讓人能以第一人稱的視角，體驗非裔人士《綠皮書》所做的旅行，藉此顯現出非裔人士所處的環境，並了解他們曾經遭遇的歧視對待與想法。製作人羅傑．洛斯．威廉斯（Roger Ross Williams）表示：「我希

· 紀錄片「當黑人旅行」

出處：https://www.indiewire.com

望能藉著黑人生活領域中的交談、對話來提供全新的體驗；這些通常是只有黑人才會有的經歷。我希望藉著沉浸式體驗，為體驗者帶來更深遠的影響。」[3]

想想看，一位 15 歲的少年在與朋友前往打籃球的途中遭到警察壓制，他當時是什麼樣的心情呢？透過史丹佛大學虛擬人際互動實驗室的「1000 Cut Journey」研究計畫，便能以第一人稱的視角進行上述虛擬體驗。此外，也可以體驗不同性別、年齡之非裔人士遭遇社會排斥、歧視對待的經驗。西班牙巴賽隆納大學研究小組的實驗分析結果顯示，透過這類虛擬體驗，能有效提升對於他人遭遇的歧視

· 1000 Cut Journey

出處：https://moguldom.com

對待、偏見、人身攻擊、社會排斥的理解，也可以顯著降低白人對非裔族群的種族歧視與偏見。[4]

讓我們換個情境來看。任何人站在高處都會感到有一點害怕，當這種害怕超出一般程度時，就會產生極度的不安與恐懼感，若對日常生活造成不便，就會發生很大的問題。這類懼高症的傳統解決方式是實際將患有懼高症的人帶至高處，讓他們直接面對害怕的情境，持續暴露於恐懼與不安之中，直到害怕的感覺消失。但是讓患者直接暴露於危險環境中，最大的缺點是無法完全控制周邊的環境。如果在治療過程中發生危險，可能會使患者在懼高方面產生更大的陰影。

從很久以前，元宇宙便已提出了這類問題的對策。VR 能呈現出在現實中無法呈現的狀況，而且可以控制、預期前述狀況，因而能在安全又多樣的環境中訓練患者。1993 年，美國心理學家拉爾夫・朗森（Ralph Lamson）針對 60 位懼高症患者進行了 VR 的實驗，令人驚訝的是有 90% 的人產生了正面效果。從一開始連梯子都不敢爬的人，在虛擬訓練即將結束的時候，已經可以開始爬山了。

2018 年，英國牛津大學丹尼爾・佛里曼（Daniel Freeman）教授的研究團隊開發出一套治療計畫，能讓患者在沒有專家協助的狀況下，自行在 VR 中治療懼高症，最後這個計畫展現出重大的治療效果。研究團隊以 100 位懼高症患者進行研究，其中 50 位患者在 2 週內進行 4-6 次、每一次 30 分鐘的 VR 療程，其他 50 位患者則未接受治療，過著與先前一樣的生活。

當患者戴上可以體驗 VR 的頭戴式顯示器後，必須在虛擬空間爬上 10 層樓高的建築物，或是進行解救卡在樹枝上的貓或摘取水果等任務。平均進行 4.5 次 VR 療程的患者，在問卷調查回覆中表示他們的懼高症平均減緩了 68%，而未接受治療的患者只減緩了 3%。

· 運用 VR 治療懼高症

出處：www.forbes.com, Oxford VR

之後，進行研究的牛津大學團隊成立了「Oxford VR」公司，並在 2020 年，藉由 VR 療法獲得 1,250 萬美元的投資。[5] Oxford VR 以先前治療懼高症的成功案例為基礎，開始研發治療各種社交恐懼症的計畫，其中的「Yes I can」是協助焦慮症患者的 VR 心理治療計畫。

每一個人都有各自不同的焦慮生活。有些人因為嚴重的焦慮而害怕離開家門，使日常生活面臨極大的困難，若出現這種情況，想要接受心理治療，則會有時間與費用的問題。焦慮症等各種精神疾病在世界各國都在持續增加中，預估到 2030 年，將會因此產生 16 兆美元的成本。根據世界衛生組織（WHO）的統計，截至 2020 年，總計有 4

億 5 千萬人有精神疾病的問題，未來還會擴大為全球人口的 25%。[6] 對此，元宇宙也可以成為解決此問題的替代方案之一。

美國南加州大學為了治療創傷後壓力症候群，開發出重現伊拉克戰場的 VR 系統「虛擬伊拉克」（Virtual Iraq）。所謂創傷後壓力症候群是指一種在經歷戰爭、自然災害、事故等嚴重事件之後，持續存有與該事件有關之創傷的精神疾病。[7]「虛擬伊拉克」是運用 Xbox 的人氣實戰遊戲《全方位戰士》的開發環境，讓伊拉克參戰者在 VR 中重新經歷伊拉克戰場，以進行延長暴露治療法。戴上裝有護目鏡的專用頭盔，就會投影出伊拉克的主要街道，耳邊也會傳來美軍直升機在空中盤旋戒備以及朗誦可蘭經的聲音；此外，還有爆炸聲與震動，再加上中東地區經常能聞到的特殊氣味，使人產生身處伊拉克戰場的錯覺。「虛擬伊拉克」治療法是利用人們在習慣焦慮之後，對刺激漸漸感到麻痺的原理。[8]

美國加州大學醫學院的多媒體心理治療中心則透過 VR 的方式呈現飛機內部，讓患有飛行恐懼症的患者坐在真實的飛機座椅上，然後椅子會產生震動，同時發出飛機的引擎聲。其治療方式是當患者在 VR 中開始出現恐懼症的症狀時，醫生就會將患者的注意力轉移至其他地方，並慢慢地減輕他們的不安。[9]

全世界大約有 7 千 6 百萬人受到吶語症困擾，光是日本就有 120 萬人。日本企業「DomoLens」正在運用 VR 解決這個問題。DomoLens 提供面試、報告、自我介紹、通電話等虛擬情境，在參與者體驗的同時，協助他們進行說話訓練。目前該公司已開始與東京新宿的精神科診療所合作，並進行試營運，未來也會在這個計畫中應用 AI 技術，並提升訓練環境。[10]

元宇宙也能應用於檢視、監控受隔離的新冠肺炎患者的焦慮狀況。美國企業「XR Health」透過 VR 建構的遠端健康服務，治療新冠肺炎的患者，並可在他們回家之後持續支援監控工作。XR Health 的執行長艾林・奧爾（Eran Orr）表示：「戴上 VR 頭戴式裝置靜養，參訪意想不到的虛擬場所，可以協助患者在隔離期間處理情緒。VR 治療平台中與壓力和焦慮有關的治療計畫，也是接受新冠肺炎治療的人非常關心的事情。」

· XR Health 的新冠肺炎患者 VR 心理治療

出處：www.xr.health

▶ 元宇宙，你是我的眼

當人們在選擇五感（視覺、嗅覺、聽覺、觸覺、味覺）中最重要的一種感官時，大多數的人都會選擇視覺，這表示視覺是日常生活中最重要的一種感官。在人類透過感官獲得的資訊中，有 80% 以上是透過視覺取得。[11] 世界上有許多人因為先天性原因或後天意外而失去視覺，一般人很難想像他們產生的失落感。估計到 2050 年，全世界的視障人士將會多達 1 億 1 千 5 百萬人，[12] 而元宇宙正好可以協助他們。

· 三星電子的視障人士視覺輔助程式 Relumino 體驗

出處：三星電子

三星電子開發的 VR app「Relumino」──*relumino* 是拉丁語「再現光明」的意思──可以協助低視能者恢復一定程度以上的視力；這個群體占了視障人士的 80%。其利用搭載於眼鏡上的相機，將影像傳輸到智慧型手機上，然後透過智慧型手機將影像放大、縮小、加深輪廓線、調整對比與亮度、顏色等，再將影像傳回眼鏡。許多視障人士因為無法辨別物體的中心與周圍，或因為物像扭曲或失焦而備受折磨，而 Relumino 智慧眼鏡可協助除了全盲人士之外的 1 到 6 級視障者，清晰地看見原本扭曲或模糊的事物。

美國新創公司「Vivid Vision」則開發出治療弱視或斜視等視力問題的系統。這套系統是透過遊戲，巧妙地將不同的影像投射給左右眼，進而刺激沉睡的腦部，恢復眼睛與腦部的連結，同時強化視力。截至 2019 年為止，全世界已有 205 家醫院使用這套系統，且視障人士也可以自行購買在家中使用。

· 運用 Vivid Vision 的視覺障礙治療畫面

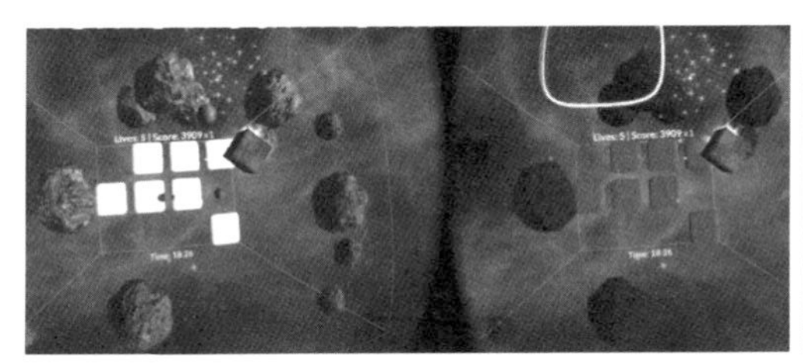

出處：Vivid Vision 補

VR 紀錄片《失明筆記：走進黑暗》（*Notes on Blindness: Into Darkness*）讓觀眾可以使用第一人稱的觀點，體驗失去視覺的過程。這部紀錄片是利用神學家約翰・赫爾（John Hull）記錄失明歷程的錄音帶所製作而成。透過元宇宙，我們不只可以體驗失明的情況，還能重現視障者的感知。

‧失明筆記

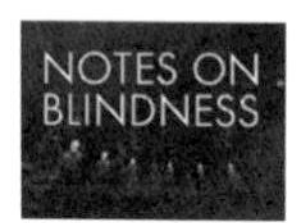

出處：Vivid Vision

▶ 幫失智症患者找回幸福

全世界有1千2百萬人正在經歷一種痛苦的疾病，也就是失智症，預計到2050年，失智症患者的人數將會增為目前的3倍。失智症是年長者最不想要罹患的惡性疾病，它也會為當事人與家屬帶來無限的痛苦。而元宇宙也可應用於治療失智症。

美國麻省理工學院的新創公司「Rendever」，就透過VR協助解決年長者的社會孤立與失智症問題。Rendever是一個為居住於長照機構的老人所製作的VR平台，看護者可以透過平板操作頭戴式裝置，讓患者在沉浸式虛擬空間中看到童年情境、海外度假勝地、運動賽事、親戚婚禮

· Rendever 運用場景

出處：Rendever

等。家人們也可以使用 360 度攝影機記錄結婚或慶生等活動，再上傳到長照機構的患者帳號中。

VR 體驗也可以讓人們自然打開話匣子。虛擬空間中令人彷彿身臨其境的風景，可以協助年長者想起回憶中的地點，讓幾乎不開口說話的失智症老人開始分享心中悸動的瞬間，因為眼前展現的生動風景會喚起愉悅及溫暖的情感。

Rendever 的執行長凱爾・蘭德（Kyle Rand）在看到奶奶漸漸被社會孤立之後，想出了這個點子，藉由經驗與回憶協助年長者建構彼此的關係，並培養親密感。實際住在長照機構的老人，每兩人之中就有一人患有憂鬱症或感到疏離，蘭德表示透過 Rendever 的平台，可以將年長者的幸福感提高 40%。目前 Rendever 已運用在超過 150 個的年長者社群中，且連續使用 Rendever 達 2 年以上的比例為 95%。年長者可以透過 Rendever 實現自己的願望，例如喬治・赫特里克（George Hetrick）的願望之一是在美國大峽谷公園健行，這個夢想因為生理上的限制，看似此生無望，但 Rendever 的 VR 技術卻讓他夢想成真。

目前英國正在進行透過 VR 協助失智症患者的「The Wayback」計畫。其團隊是因為看見自己家人承受失智症的痛苦模樣，而開始推動這項計畫。它能刺激失智症患者的記憶，協助他們在與他人保持連結的狀態下維持自我認同、友誼與家庭關係。「The Wayback」同時為失智症患者重現了 1953 年 6 月英國女王伊莉莎白二世的加冕典禮。VR 技術可以進行時光旅行，喚醒腦中深處的記憶。

專門用於研究失智症的《航海英雄》（*Sea Hero Quest*）是一款益智冒險手遊，玩家必須操縱虛擬遊艇駛向查驗點，而畫出查驗點的地圖只有在遊戲一開始才會出現，隨著遊戲進行，地圖便會消失，所以玩家必須仰賴自己的記憶力與空間感知能力進行航行。這款遊戲是為了研究「罹患失智症的人如何探索空間」而設計，透過遊戲既能進行

· The Wayback 的加冕典禮重現場景

出處：The Wayback VR

數據分析，也能檢查失智症，目前已有超過 430 萬人樂在其中。

英國的失智症研究慈善團體以 VR 方式製作出《漫步失智症》（*A Walk Through Dementia*）程式，讓人們可以藉由 VR 從第一人稱的視角，親身體會失智症患者日常生活所面臨的困難。

韓國 VR 遊戲開發公司「Miragesoft」的《真實 VR 釣魚》（*Real VR Fishing*）是以虛擬釣魚而聞名的遊戲，讓玩家在釣魚的同時還能欣賞大自然、聊天與放鬆。《真實 VR 釣魚》已獲得 VR 裝置製作公司 Oculus 評選為「2019 年最佳運動與健身遊戲」，同時也是唯一一個名列 Oculus 商店

· 失智症分析遊戲「航海英雄」與「漫步失智症」

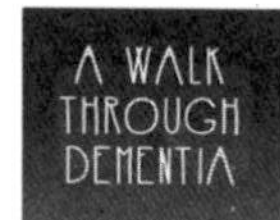

出處：航海英雄 VR，www.awalkthroughdementia.org

VR 遊戲最暢銷排行榜的韓國遊戲。在虛擬釣魚場中，釣到最多魚的人是誰？第 1 名是一位英國罹患失智症的高齡老爺爺。他在自己的網路社群中寫道：「因為失去伴侶的痛苦與悲傷，讓我每天都活得很辛苦，於是我使用了兒子買給我的 VR 裝置與其他玩家相見、對話，使我第一次迷上了釣魚運動，並再次找到生命的意義。」

《真實 VR 釣魚》不是只從玩遊戲的角度來設計虛擬釣魚，它同時還包含了多種要素，因而能讓人們一起享受時光、分享不同經驗，並獲得療癒。《真實 VR 釣魚》是採用韓國引以為傲的境內湖泊做為遊戲背景，由於 99% 的玩家都是外國人，所以也具有促進韓國觀光的附加效果。大家可能會覺得大多數玩家都是喜歡釣魚的人，但實際上，大

· 真實 VR 釣魚

出處：MirageSoft

部分玩家只是釣魚的初學者或未曾釣過魚的人。透過虛擬的方式，可以讓更多人體會釣魚的經驗。

▶ 與受苦者感同身受

藉著元宇宙可以讓人們了解社會問題，並產生同理心、投身參與。聯合國兒童基金會透過 VR 發起運動，目的在於讓人們不用親臨現場，就能體驗敘利亞難民面臨的困境，進而增加對敘利亞難民的關注。這項活動在韓國進行將近 1 年的結果顯示，相較於未曾體驗 VR 的人，曾經體驗的人願意參與援助的比例高出 80%。

· 要塞英雄與紅十字國際委員會合作

出處：ICRC

紅十字國際委員會（ICRC）與 Google 等公司共同製作的《正確的選擇》（*The Right Choice*），讓人透過虛擬方式體驗到無論如何選擇，戰爭都會以悲劇收場的真相。社會企業「Cornerstone Partnership」則推出一個計畫，用虛擬的方式呈現出兒童可能會經歷的漠視、暴力或虐待等 12 種家暴情境，讓社福人員從兒童的觀點經歷一遍，希望能藉此增進對受虐兒的理解及同理心。丹麥也計畫運用 VR 解決青少年飲酒的問題，[13] 而美國正在為酒精中毒者提供運用 VR 的治療方法。

紅十字國際委員會也與 Epic Games 合作，在《要塞英雄》的虛擬世界中推出「Liferun」模式，讓這一款射擊遊戲新增了拯救生命與國際援助等任務的遊戲選項。掛著

「搶救生命、贏過《要塞英雄》」旗幟的 Liferun 模式，沒有《要塞英雄》中常見的戰鬥情況，取而代之的是玩家必須進行紅十字國際委員會的四項主要活動：平民救助與治療、基礎設施重建、去除地雷、快速援助分配等。開發 Liferun 模式是為了使人們更加關注當前衝突造成的慘況，並讓人們知道紅十字會國際委員會在 80 個國家進行人道主義活動的現況。委員會的負責人倫納德．布拉茲比（Leonard Blazeby）認為：「我們努力藉由巧妙又具有吸引力的方式，傳達出人們因衝突而受苦的事實，Liferun 的創新方法，可以讓大家知道紅十字國際委員會是什麼組織，又從事什麼活動。」

因此，元宇宙的創新不是侷限於產業界，它也能協助人們增進同理心與互相理解，並透過參與解決社會的各種問題。元宇宙是社會創新的原動力。

2

政府也在帶頭領跑

▶ 軍警消的真槍實彈訓練

政府提供了國防、治安、防災救災等各種公共服務，而公共服務也可以運用元宇宙進行創新。公共部門將能擔任引領初期創新的重要角色。如同過去網路革命是從國防開始，美國在元宇宙革命時代也將國防領域視為創新的基石，期望能在維持強大國防體系的同時，將為了國防體系而研發的創新與產業界進行結合。

2021 年 3 月，微軟與美國國防部簽訂了為期 10 年、規模高達 219 億美元（約 25 兆韓元）的超大型合約，內容

· 整合影像擴增系統的主要功能

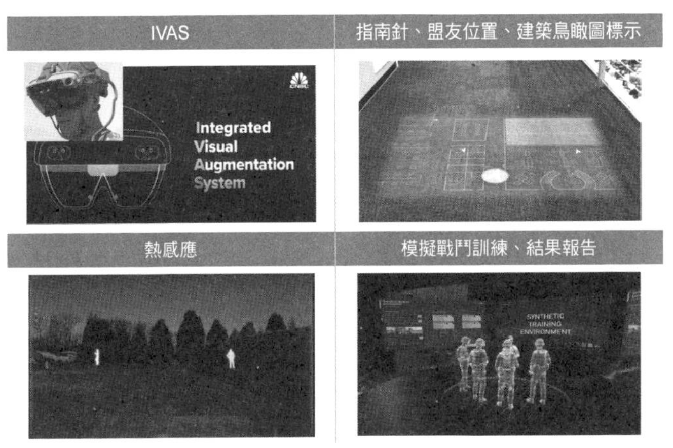

出處：CNBC（2019.4.3），
"How the Army plans to use MS's high-tech HoloLens goggles on the battlefield"

包含 12 萬個 HoloLens 頭戴式 AR 裝置。這份合約並非首例，更早之前，微軟在 2016 年開發出整合影像擴增系統（integrated visual augmentation system, IVAS）之後，就在 2018 年以 4 億 8 千萬美元的價格，透過相同的方式將頭戴式裝置銷售給美國陸軍。在微軟 HoloLens 上使用的軍事專用版 IVAS，具備許多功能，包含定位盟軍的位置、指引方位、鳥瞰建築、偵測熱源、模擬戰鬥訓練與報告結果等。

· 利用 VR 進行訓練的紐約警察

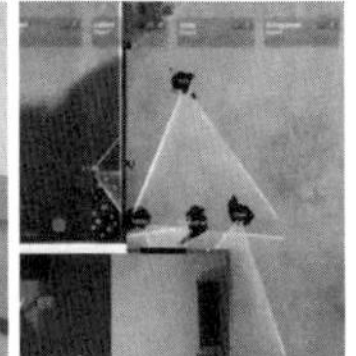

出處：ABC7NY（2019.4.25）, “NYPD using VR to train for active shootings and real-life”

紐約警察局為了因應恐怖攻擊等多種危險情況，也運用了 VR 技術。[14] 紐約警察局運用 VR，以虛擬方式針對實際發生過的各種危險狀況，進行狀況應對的訓練。督導可在模擬演訓的過程中監督受訓中的警察，也可以即時調整照明或人質行動等來製造突發狀況，以進行極具臨場感的訓練。反恐警官約翰·沙普曼（John Schoppmann）表示：「我確實可以在更短的時間內體驗不同的場景……，你會真的入戲。心臟會跳得很快，一切都非常真實。」

VirTra 開發的虛擬警察訓練系統，則是透過投影機，將利用實際案件數據為基礎所創作的情節投影在牆面上，以進行模擬狀況的應對訓練。這套訓練系統也應用於軍事訓練中。

· VirTra 的警察與軍人虛擬訓練系統

出處：www.virtra.com

IT Corner 開發的《虛擬體驗 CSI》（*VR Experience for CSI*），是用 VR 重現警察的業務，包含受理報案、穿戴裝備的出動過程、寫實的遺體描述與拍攝等搜集現場資訊的行動。使用者可以隨時觀看透過拍攝蒐集而來的資訊，也

· 虛擬體驗 CSI

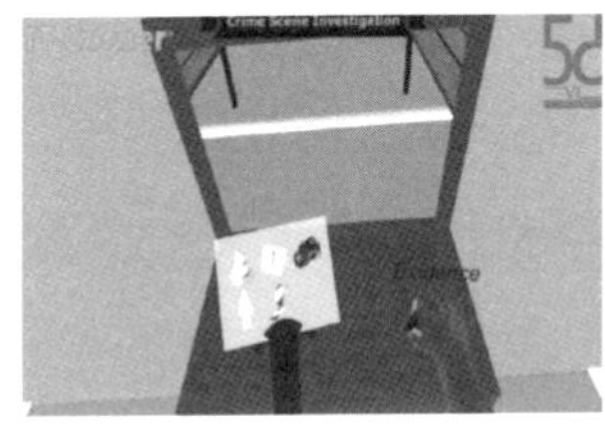

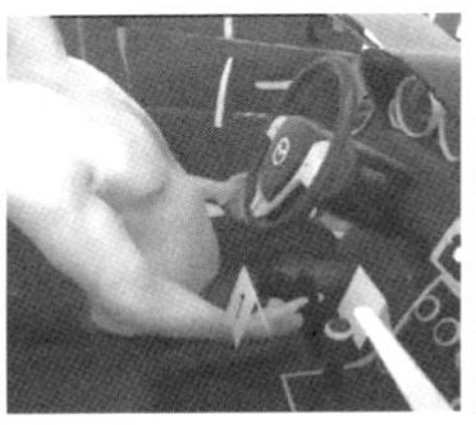

出處：VR Experience for CSI, YouTube

可以嘗試親自在現場貼上「禁止靠近」的膠帶，或設立證據號碼牌等體驗。[15]

日本 KDDI 公司與日本的鐵道公司（JR）共同開發出 VR 災難因應訓練方案，可以提升火車司機在發生海嘯、地震等天災時的判斷力。[16] 訓練內容為當發生災難時，司機應採取何種行動讓乘客安全避難。透過 VR 畫面顯示的海嘯避難 app，能幫助司機確認距離火車停靠地點最近的逃生口與避難場所。

澳洲在 2019-2020 年之間，經歷了數十年未曾見過的森林大火，損失慘重——超過 230 萬公頃（70 億坪）以上的土地燒毀，50 億隻動物受到傷害——因此澳洲政府開始

· 運用 VR 的災害訓練

出處：www.news.kddi.com，「JR 西日本における『VR（仮想現　）』による災害 策ツールのついて」

· FLAIM Systems 的虛擬消防訓練

出處：FLAIM Systems

運用元宇宙因應這類災難。總公司位於澳洲的「FLAIM Systems」開發出消防員的虛擬訓練模擬裝置，可以在虛擬空間中如實呈現出現實中難以模擬的高危險情境，讓消防員能投入其中進行訓練。FLAIM System 執行長詹姆斯・穆林斯（James Mullins）認為：「虛擬訓練的核心是讓消防員置身於實際上相當危險的虛擬狀況中，讓他們從錯誤中學習如何判斷與決策。」

FLAIM System 可以在住宅火災、飛機火災以及森林大火等許多 VR 情節中，如實重現出煙霧、火焰、水與滅火器泡沫的效果，還能模擬實際的火焰：其軟體會在不同的情境中，根據火源的距離與方向計算出對消防員產生的影響來設定溫度，而消防員必須穿著真正的消防工作服進行虛擬訓練。在 VR 中可以將溫度提高到攝氏 100 度，不過為了保護消防員，高溫只會維持很短的時間。此外，VR 也可以重現使用消防水帶噴灑水柱時感受到的作用力，並能在此情況下持續測量消防員的脈搏與呼吸速度。

FLAIM System 是澳洲維多利亞迪肯大學（Deakin University）於 2017 年成立的公司，目前已在澳洲、英國、荷蘭等全世界 16 個國家中銷售虛擬消防訓練方案。傳統的訓練方式會排放對環境具有不良影響的濃煙與汙染物質，滅火器噴出的泡沫也會汙染周遭的土壤與水源，而且在實際的訓練過程中也需要使用大量的水；相反地，虛擬消防訓練完全不需要使用真的水，有助於節約資源，還可以解決環境汙染的問題。

美國加州的消防機構 Cosumnes Fire Department 也與 VR 公司 RiVR（Reality in Virtual Reality）合作，製作消防教育訓練系統。資深消防員茱莉・萊德（Julie Rider）表示：「虛擬情節實在太真實了，讓人留下深刻的印象。在虛擬空間中可以確認火災的起火點，也可在火勢迅速蔓延的狀況下，感受到脈搏加速的感覺。」

· Cosumnes Fire Department 的虛擬消防訓練

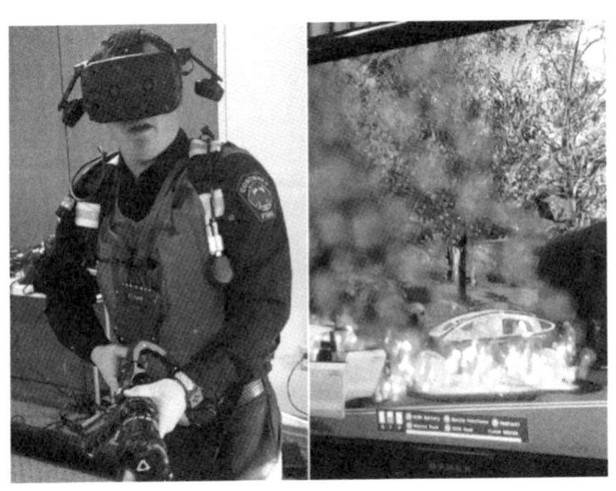

出處：www.firerescue1.com

▶ 建造鏡中世界的國家

新加坡從 2014 年開始打造「虛擬新加坡」（Virtual Singapore），耗費超過 3 年的時間在虛擬世界中重現出完整的國土。虛擬新加坡是根據建築物、道路、非建築結構物、人口、天氣等構成都市的各種有形、無形數據，打造出虛擬都市。虛擬新加坡具有與 3D 地圖不同等級的精密度，它是依據公家機關、物聯網裝置等所蒐集的數據，包括建築物名稱、大小、特色等資訊，以及停車空間與道

·「虛擬新加坡計畫」的模擬畫面

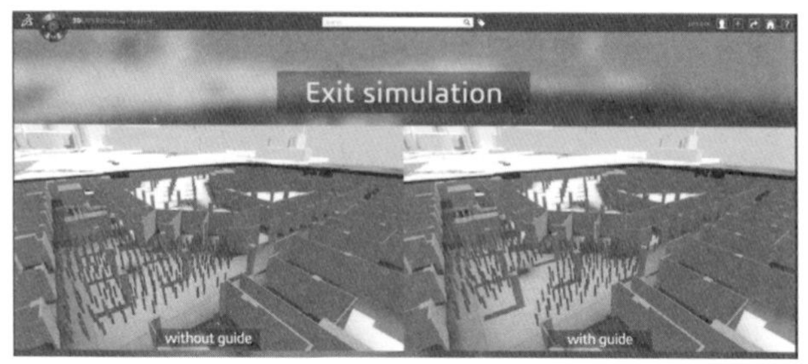

出處：Virtual Singapore

路、行道樹、天氣變化等，因而可以隨時掌握都市計畫所需的即時資訊。

目前，新加坡為了發展所需，在都市經營的各個環節，包含各種模擬推演、研究開發、規劃研擬、決策制定等，都已廣泛運用了虛擬新加坡計畫。企業、政府在研擬建築物或公園建設等計畫時，可以運用虛擬新加坡平台快速掌握初期評估因素，例如周邊景觀的和諧性、對交通造成的影響、是否侵害日照權等。如果新的計畫會引發交通擁塞、通行不便等結果時，則可以另外進行模擬，以找出將問題最小化的方法，或是在不使用更多經費的情況下，

· 虛擬新加坡的運用畫面

出處：Virtual Singapore

進行設計變更的測試及檢討。此外，也可以測試建築物內部產生的情況。例如發生緊急狀況時，建築物內是否有指引人員對市民避難產生的影響，就可透過視覺化的影像來模擬過程。

虛擬新加坡平台可以使用第一人稱的視角體驗虛擬都市，並能測試氣候變化或應用於防災避難。只要設定好搜尋條件，就能掌握特定區域的日照量與建築物面積、屋頂溫度變化等數據，藉此尋找設置太陽能面板的適當地點；針對發生火災或有毒氣體溢洩意外的情況，也能計算有毒物質的擴散方向與時間，進而找出最有效的避難路徑。此外，還能透過平均降雨量預測發生洪水或相關災害的可能

· VU.CITY

出處：https://vu.city/

性，以利於事先進行設施維護。

英國同樣具有將整體都市虛擬化的 VU.CITY。政府打造出虛擬都市，藉此有效率地經營都市，其可以在建造新的建築物之前，預先呈現出變更後的天際線，讓市民感受景觀的變化，現在還可以連結降雪、交通、天氣、新聞、環境資訊等即時數據，朝著可以互動的模型發展。[17]

芬蘭同樣在推動「虛擬赫爾辛基」（Virtual Helsinki）計畫。先以虛擬方式呈現出首都，然後運用於觀光、購物、訓練、音樂會、模擬推演等各種用途。此外，芬蘭也正在開發一種平台，可以將落後地區卡拉薩塔瑪（Kalasatama）虛擬化，再透過設計、測試與提供服務，發展出整體的都市環境。

· 虛擬赫爾辛基（上）與虛擬卡拉薩塔瑪（下）

出處：ZOAN VR, https://www.hel.fi

METAVERSE

第5章

元宇宙的黑暗面

BEGINS

1

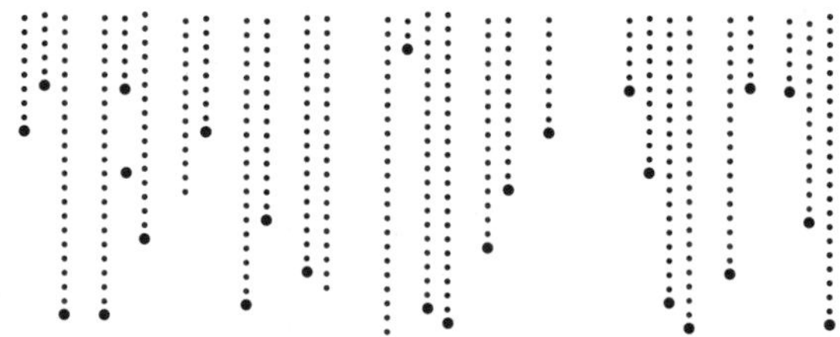

元宇宙的光與影

有光就會有陰影。光線越強烈，陰影就越黑暗。同樣地，技術發展帶來了創新，同時也產生了預想不到的技術風險——也就是因為技術所產生的社會、經濟、文化、環境的風險。[1]諾貝爾（Alfred Nobel）最初是為了開礦使用而發明出矽藻土炸藥（dynamite），最後卻運用於戰爭中，背離了他發明的初衷。技術創新與風險如同硬幣的正反兩面，是相伴相生的關係，如果無法適度管控技術風險，則技術創新便無法達到預期的社會經濟效果。[2]

元宇宙也具有相同的道理。雖然元宇宙是可以為產業與社會帶來革命性變化的原動力，但帶來創新的同時也可能伴隨陰影，所以必須預先防範。元宇宙是透過複合通用技術 XR + D.N.A 打造而成，亦即透過結合 XR 技術 + 數據技術 × 網路 ×AI 帶來創新，但是各個通用技術所伴隨的副作用與風險，也可能因為結合而擴大。網路革命時代也發生過相同的情況。雖然網路帶來了創新，卻也引發網路犯罪、網路成癮、非法內容等許多問題，且這些問題目前依然存在。元宇宙革命時代的風險範圍與強度將會比網路時代有過之而無不及。現在就來看看元宇宙時代必須防範的風險吧。

2

前所未見的社會問題

▶ 法規需要快速進化

美國普渡大學於 2017 年發表了以《寶可夢 GO 造成的死亡》（*Death by Pokémon Go*）為題的報告，內容提到《寶可夢 GO》造成的交通事故傷亡人數急遽增加。研究團隊分析了 2015 年 3 月到 2016 年 11 月印第安納州發生的 1 萬 2 千多件交通事故的數據，結果顯示，在 2016 年 7 月《寶可夢 GO》上市之後，交通事故開始大幅增加，特別是在《寶可夢 GO》遊戲中可取得寶貝球等資源的「補給站」100 公尺以內的區域，交通事故增加了 26.5%。「駕駛人注意力不集中」是造成事故的原因之一。研究團隊表示，在《寶可夢 GO》上市後的 148 天內，社會經濟的損失成本已達到 20-73 億美元。雖然虛擬與現實的融合存在著趣味，但是也伴隨著副作用。之後，《寶可夢 GO》的開發公司 Niantic 推出了許多應對措施，例如，當移動速度比步行速度快的時候，就會跳出「駕駛中請勿使用」的警告視窗，或時速超過 30 英里，就不會出現神奇寶貝等。

此外，AR 也造成了法律糾紛。加州有 12 位居民因為《寶可夢 GO》，以「無故侵入私有地」為由，向 Niantic 提出團體訴訟，要求損害賠償。這一場訴訟從 2016 年 8 月開始，直到 2019 年 9 月才以每位當事人 1 千美元的賠償金達成和解，讓訴訟落幕。

2017 年，密爾瓦基所在的州政府認為 AR 遊戲會帶來社會問題，制定了讓開發公司必須負擔社會成本的規定。在《寶可夢 GO》遊戲上市之後，密爾瓦基的公園遭到破壞，垃圾也變多了，導致警察駐守等管理成本增加。雖然該項規定因為聯邦法院判決會限制言論自由而未能施行，但是依然有人持續主張對於 AR 所造成的事故風險必須有所限制。

在 2021 年之後，大眾對於 AR 眼鏡的關注日益提高。因為 Meta、蘋果、三星等主要科技企業前仆後繼地進行投資，並加快推出相關產品的腳步。儘管成熟度還遠不如現今的產品，但 Google 早在 2013 年就已推出了「Google 眼鏡」。當時在美國發生了首例因為戴著 Google 眼鏡開車，而遭到檢舉違反交通規則的案件。一位住在加州的女性因為在駕駛過程中戴著 Google 眼鏡，而遭人檢舉，當時警察以「超速」與「戴著 Google 眼鏡」為由，開出兩件交通違規通知書給這位女駕駛。雖然最後該案在法院的審判結果為無罪，但是對於駕駛過程中配戴 Google 眼鏡是否合法仍沒有做出明確的結論。

英國交通部也曾經想要推動禁止駕駛人戴 Google 眼鏡的法案。因為當時 AR 眼鏡的需求大幅增加，產生了許多負面影響，而在不久的未來，過去的餘燼也極有可能會再次引火延燒。

雖然在美國，配戴 Google 眼鏡的駕駛遭到檢舉違反交通法規，但是在 2014 年，杜拜的警察卻嘗試引進 Google 眼鏡來打擊違反交通法規的行為。杜拜警察當局自行開發了一款 app，可以用 Google 眼鏡拍攝違規車輛照片，再上

· 針對配戴 Google 眼鏡開車的罰款通知書（左）及杜拜警察評估引進 Google 眼鏡

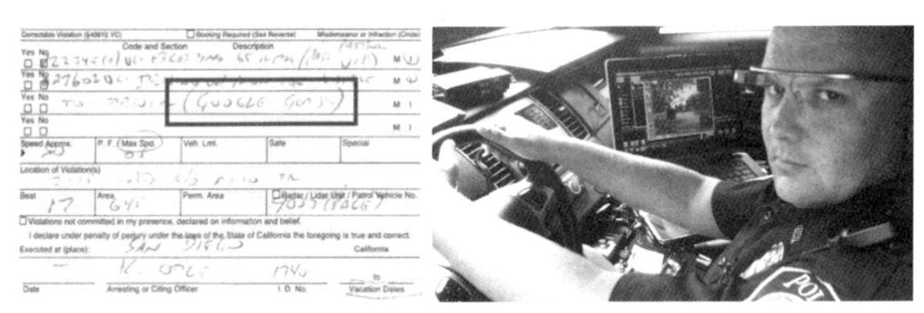

出處：www.etnews.com, Coptrax

傳到資料庫；另外也有 app 可以辨識車牌號碼來篩選通緝車輛。美國紐約的警察也曾經引進 Google 眼鏡進行測試。未來在元宇宙中，將會不斷出現與隱私和安全性等倫理問題有關的挑戰，同時有必要提出更廣泛的解決方案。

▶ 我在虛擬實境中遭到性騷擾

「上週，我在虛擬實境中遭到性騷擾。」2016 年 10 月，一篇以令人震驚內容開頭的部落格文章，席捲了美國社會。一名以喬丹．貝拉麥（Jordan Belamire）為筆名的女性在部落格上撰寫的文章在網路上瘋傳後，引起了一場軒然大波。這是貝拉麥第一次在被稱為 *QuiVR* 的虛擬世界體驗遊戲時發生的事。貝拉麥對 VR 帶來的沉浸式體驗感到非常的興奮。她表示在這個以射箭擊倒殭屍的遊戲中，曾經因為站在高處而感到恐懼，但是在克服恐懼之後，就能感受到彷彿成為天神一般的喜悅。

但是，當她開始與其他玩家一起連線體驗「多人連線模式」之後，就發生了這次的事件。當時一個帳號名稱為「BigBro442」的玩家，突然以揉捏貝拉麥胸部的方式，性騷擾其虛擬人物。貝拉麥在接受美國有線電視新聞財經頻道（CNNMoney）的訪談時表示：「過去曾經實際經歷過性騷擾，這與當時產生的衝擊相差無幾。」[3] 這件事在公開之後，很快就激起大眾熱議。之後，*QuiVR* 的開發者亨利・傑克森（Henry Jackson）與喬納丹・桑克（Jonathan Schenker）提出了技術上的解決辦法。他們想到「若能用手指頭輕輕一推，就能像彈掉螞蟻般把壞玩家彈飛，將會如何呢？」於是新增了稱為「個人泡泡」（personal bubble）的功能，讓人可以彈飛以性騷擾等方式欺負自己的對象。[4]

在 2021 年 4 月，韓國的媒體也報導了虛擬角色性騷擾的事件。一位當時還是小學生的鄭姓妹妹（12 歲）在元宇宙空間 Zepeto 的虛擬角色，在進入設計成游泳池的虛擬空間之後，遇到一名男性虛擬角色對她性騷擾。鄭姓妹妹慌張地按下離開按鈕，逃離那個虛擬空間，但她不敢告訴父母這件事情。鄭姓妹妹表示，「父母已經因為我在 Zepeto 花了很多金錢與時間而感到擔心，所以不想把這件事告訴他們。」在 2020 年 9 月，另一位小學生 A（11 歲）的虛擬角色也曾在 Zepeto 遭到跟蹤與偷拍。「有一個虛擬角色一直跟著我，即使我移動到其他空間，他也一直跟著我，讓我感覺毛骨悚然。」A 表示：「對方一直跟著我，並試圖把我的虛擬角色拍進他的自拍中。」

韓國智能情報社會振興院（National Information Society Agency, NIA）在 2020 年以 4,958 位小學、中學、高中的學生為對象進行調查，結果有 19.7% 回答曾經遭到網路霸凌，而且大部分的回答都表示受害空間為線上遊戲（45.2%），以及不知道加害者是誰（45.8%）。[5] 目前在元宇宙最活躍的空間是遊戲與生活／社交類別，且最活躍的人口是 Z 世代。考量到這點，這個問題就變得非常重要了。

許多企業為了在元宇宙提供五感，正在盡最大的努力。在元宇宙中，一旦開發出可以對虛擬角色傳遞物理刺激的外衣和手套等各種裝備時，可能會衍生更嚴重的社會問題。即使元宇宙帶給人強烈的沉浸式體驗可以產生正面影響，我們也應該正視它會帶來的負面影響。韓國在網路革命時代，曾經歷了因為技術規範政策的制定過於緩慢所帶來的混亂，因此已具有應對的經驗。1995 年，因意料之外的電腦犯罪而通過《刑法》修訂，包括新制定利用電腦等資訊處理器進行的詐騙罪、妨礙業務罪以及妨礙秘密罪，2001 年又新增了網路誹謗罪。為了減少政策的落後，我們還需要付出更多的努力。

▶ 進化為元宇宙的成人媒體

Pornhub 是 2007 年在加拿大建置，世界最大的成人網站。2019 年在全球網頁排名締造第 8 名的紀錄，而且其規模的成長幅度非常驚人。每天的平均瀏覽人次為 1 億 2 千萬人，每月則達到 35 億人，將近全球人口的一半。[6]

根據美國 NBC 的報導，全球成人產業的市場規模在

2014 年突破了 970 億美元（約新台幣 2.7 兆元），最近推測又增加了 2 倍以上。[7] 網路為所有產業吹起革命性風潮的同時，也大幅增加了成人網站與內容，並加快了擴散的速度。Pornhub 網站的用戶有 83.7% 是透過手機登入，[8] 個人電腦的比重只占 16.3%。將成人內容與受眾連結的媒體，已從過去的書籍、錄影帶、個人電腦演變為智慧型手機。然而，之後手機將會朝什麼方向進化呢？就是元宇宙，而且目前已出現變化的徵兆。根據美國風險投資公司「Loup Ventures」的分析，預計 2025 年 VR 在成人市場中的規模，將會成長到 14 億美元（約新台幣 390 億元）。

2017 年，觀看 Pornhub 提供的 VR 成人影片的用戶，每天平均有 50 萬人。在 Pornhub 前 20 個熱搜關鍵字詞中，「虛擬實境」的排名已較前一年提升了 14 個名次，達到第 16 名，是非常有感的變化。日本的付費影片製作業者 DMM，在 2018 年銷售 VR 成人影片的業績突破了 40 億日圓（約新台幣 9.75 億元），而這是他們創業 2 年內達成的成果。日本的成人影片製片商「Soft on Demand」自 2017 年 1 月起，開始在電子商家密集的東京秋葉原經營 VR 成人影片的展示商店。[9]

美國的成人內容企業「淘氣美國」（Naughty America）在 2019 年 1 月初，於美國拉斯維加斯舉辦之全球最大消費電子展（Consumer Electronics Show, CES）的 2019 展館中展示了 VR 成人內容。淘氣美國在 2015 年開放 VR 成人影片服務[10]，並在之後的 18 個月內製作了 108 部影片。淘氣美國表示，VR 成人影片在 2016 年 12 月已達成 2 千萬次的下載量，整體營收成長了 40%，而 VR 的營收成長了 433%。根據淘氣美國所述，相較於線上成人影片的使用者，觀看 VR 成人影片的使用者更願意觀看付費影片。在造訪淘氣美國網站 VR 預覽畫面的使用者中，每 167 人就會有 1 人成為付費用戶，而一般成人影片則是每 1,500 人才會有 1 人。[11] 由此可見元宇宙創造的超凡體驗，提高了付費用戶的註冊比例。以 2018 年為基準，淘氣美國的 VR 成人影片數量已超過 400 部。[12] 在元宇宙正式擴展之後，可以預見成人相關的內容將會遽增，且地下通路會更活躍。

▶ 如果成人片主角的臉可以隨意替換

「我們使用最尖端的技術提供服務，滿足每一個人的性幻想。」這是 2018 年 8 月，淘氣美國在推出使用深偽技術（deepfake）的付費服務時使用的宣傳內容。該服務是將客戶希望的人物合成到成人影片之中，[13] 也就是可以將成人影片的演員變成自己所希望的人物。

「深偽技術」是將「深度學習」（deep learning）與「虛假」（fake）結合而成的單字，它是利用 AI 深度學習的技術，在原始圖照或影片上疊加其他影像，或與其他影像合成，藉此產出加工內容。[14] 深偽技術一詞是在 2017 年 12 月，首次由美國社群 Reddit 的用戶以「deepfakes」的 ID，將名人的臉合成在色情影片上發布流傳後才開始使用。[15] 根據荷蘭深偽技術偵測技術業者 DipTrace 在 2019 年發表的資料，網路上流傳的深偽技術影片有 96% 都是屬於色情內容。2019 年發布在線上的深偽技術影片為 85,047 部，之後以每 6 個月 2 倍的速度成長。

同時，也出現濫用深偽技術製作成人影片來勒索金錢的案例。在 2021 年 1 月，一位 20 多歲的 A 女在社群網站上經歷了一次可怕的經驗。她透過社群網路服務從陌生人那裡收到自己的性愛影片。事實上，該影片不是她自己拍攝的，也不是真實發生過的事，但是影片中的人物卻與自己長得非常相似。她對影片內容完全沒有印象，也認定根本不可能發生。不過，她表示影片中的「我」彷彿真的是自己，非常自然。[16] 對方威脅她，如果不支付 200 萬韓元（約為新台幣 4.7 萬元），就會釋出利用深偽技術合成的 A 女色情影片，而 A 女則針對這個帳號向警方報案。韓國國家情報院國際犯罪情報中心在 2021 年 5 月，將 A 女的深偽技術犯罪受害案例公布於國際犯罪危險通知服務中，向大家提出深偽技術犯罪的危險性。[17]

只要幾張照片，就能利用深偽技術製作出幾可亂真的虛構影片。根據網路安全新創公司 Sensity AI 的報告，深偽技術的成人影片中，有 90-95% 並未獲得當事人同意，其中 90% 為未獲得同意的女性成人影片。[18] Sensity AI 表示，以通訊軟體 Telegram 為基礎的「深偽技術機器人」（deepfake bot）——這是能自動將上傳至 Telegram 的實際人物照片與其他女性裸體合成圖像的演算法——其製作的全球深偽技術合成內容中，有 63% 是加害者用女性友人所合成的。

此外，利用深偽技術的詐騙案件也出現了——這是將聲音合成套用深偽技術演算法，以偽造聲音進行詐騙的手法。2019 年，一家英國能源公司遭到偽裝成主管指示的聲音深偽技術給欺騙，匯出 20 萬歐元給匈牙利供應商。該公司的執行長在說明事情經過時表示：「因為聲音與總公司的德國上司的發音很像，因此在通話當下完全沒有起疑。」當時的網路資安業者賽門鐵克（Symantec）提到，同期發生了三起類似的新型詐騙案件，損失金額高達數百萬美元。[19]

透過元宇宙可以經歷到在網路時代無法感受的超現實體驗，但是也必須注意隨之而來的非法內容與詐欺等負面影響。隨著 AI 深度學習技術的發展，深偽技術在 2017 年問世初期，大部分是利用知名藝人與政治人物製造虛構影片，但是對象很快就擴及一般大眾，並與 XR 技術連結後，從畫面進化至空間。若網路時代的成人影片消費結構是透過 2D 畫面進行，在元宇宙時代則是進入虛擬空間，從第一人稱的視角製作出符合用戶期望的內容後再供人消費。隨著元宇宙發展，使用深偽技術的違法內容與詐欺等危害，將會以更進化的方式出現在虛擬空間之中，因此無論在技術面或制度面都需要找出應對的方案。

▶視線、心跳等私密資訊外洩

生活在網路時代中，個資保護與隱私侵害等隱私權的問題總是層出不窮。雖然各種行業都曾經發生許多個資外洩的事件，但是，讓我們先簡單了解一下 Meta 的案例。2018 年 6 月，Meta 有 8 千 7 百萬名用戶的個資遭到政治顧問公司劍橋分析（Cambridge Analytica, CA）外洩。由於 2016 年美國大選的總統候選人川普陣營將這些情報運用在競選活動上，而帶給大家巨大的衝擊。2019 年 4 月，亞馬遜雲端伺服器（Amazon Web Services）暴露了 5 億 4 千萬人的臉書個資，同年 12 月有超過 2 億個用戶的個資遭到駭客社群外洩。2021 年 4 月，駭客社群免費公開來自 106 個國家、共計 5 億 3 千 3 百萬人的個資；受害最嚴重的美國有 3 千 2 百萬人，英國則有 1 千 1 百萬人，韓國受害的用戶也有 12 萬 1 千多人。外洩的個資包含電話、姓名、地址和電子信箱等可識別個人身分的內容。[20] 問題可說是接二連三地發生。

在元宇宙時代，預計這類問題會變得更嚴重。由於未來我們將可透過各種創新的設備與服務，在元宇宙中穿梭於虛擬和現實之間，並獲得與五感互動的全新體驗，但從資料的隱私層面來看，元宇宙蒐集資料的規模將比網路時代更龐大、更廣泛，甚至包含了敏感性資料。在元宇宙中，甚至可以蒐集用戶正在觀看的位置、正在做的事情、心跳狀況等詳細生理資料。透過五感傳遞、支援互動的各種創新設備與服務，能蒐集到的資料真的非常驚人，而且在資料範圍、規模與敏感性，都與網路時代有極大差異。

根據史丹佛大學的虛擬人際互動實驗室研究顯示，只要讓用戶體驗 20 分鐘的 VR，就能收集到 200 萬個數據點（data points）。[21] 美國消費技術協會（Consumer Technology Association, CTA）以線上消費者為對象進行的 AR 問卷調查顯示，42%的消費者認為資料隱私會是AR的先天限制。因為消費者只有在暴露消費者的家庭環境或外貌的情況下，才能獲得使用 AR 的經驗。史丹佛大學超過 5 百名受試者為對象進行 VR 視聽研究，結果發現 VR 設備只需要不到 5 分鐘的身體行為數據，就能成功辨識出 95% 的用戶。[22] 若使用進化後的元宇宙裝備，則預計能偵測到眼睛與臉部的動靜、瞳孔的半徑和皮膚的反應。

在元宇宙中，用戶可以透過虛擬角色表現自己，而表現方式可以是超現實的，也可以非常寫實逼真，因而導致性別、人種等各種訊息遭到揭露。另一方面，超現實的虛擬角色本身，也可能會成為代表個人的個資。有別於數位照片等 2D 圖像，元宇宙呈現的 3D 環境，可以記錄虛擬化身的體格、外貌、對話與行動等所有資料。這類可觀察的數據具有遭到他人冒充的風險，例如，不懷好意的人可能會冒充他人的虛擬角色從事違法行為，進而危害他人的聲譽或讓他人因為身分遭到冒用而受到精神傷害以及經濟上的損失。[23]

數位著作權團體電子前哨基金會 EFF（Electronic Frontier Foundation）表示，他們對元宇宙時代的個人資料外洩——尤其是生物數據——感到擔憂。EFF 指出，我們的眼睛不只可以觀看東西，同時也會透露我們的想法與感受；而且不同於信用卡或密碼，生物數據是無法改變的資訊。換言之，資料遭到蒐集之後，用戶幾乎無從減少資料共享或洩漏所造成的損失。[24] 此外，EFF 也指出，只是使用 AR 眼鏡在公共場所環顧四周，就會同時有侵犯他人隱私的問題，但開發 AR 眼鏡的企業卻從未提及這個問題。對此，Meta 回應將會採用數據過濾技術，或以 AI 進行事後阻斷。

雖然對數據資料做出規範有其必要，但若管控過嚴，也會消滅創新、導致用戶難以感受到超越性的體驗。因此在未來，大家必須持續討論元宇宙的資料隱私問題，以尋求在創新與控管之間找到平衡點。

▶ 科技大廠會不會宰制世界？

2018 年 1 月的《華爾街日報》提到「大型科技企業已嚴重壟斷當今市場。Google 在美國的網路搜尋市占率為 89%，使用網路的美國青少年，有 95% 使用臉書，而亞馬遜在網路圖書市場的市占率則為 75%。即使不是獨占，也是由兩個企業平分市場。Google 和臉書在線上廣告的市占率為 63%、蘋果和微軟的筆電作業系統市占率為 95%。」同年 2 月，《紐約時報》提到「成吉思汗、共產主義、世界語（Esperanto）[1] 都已經失敗，惟有 Google 成功統治了世界。Google 在世界網路搜尋的市占率為 87%」。網路時代

---

[1] 編按：由波蘭醫師柴門霍夫（L. Zamenhof）在 19 世紀末所創造的語言，用來做為輔助其他語言的世界通用語言，希望能促進世界和平，也幫助各地的人相互交流與理解彼此。

最受矚目的企業是平台業者，平台改變了事業版圖，也改變了國際企業的排名。若能確保平台的競爭力，就能在市場占有優勢及創造高額營收。但是平台的壟斷力一直被視為一個問題，我們所知的平台強者微軟、Google、蘋果也都一直在面對這些問題。

1998 年的個人網路時代，美國政府控訴微軟違反了《反壟斷法》。美國政府主張微軟利用個人電腦作業系統 Windows 的壓倒性優勢，阻止瀏覽器市場的競爭產品。微軟透過在 Windows 上結合銷售自家瀏覽器 Internet Explorer 的方式，擴大與強敵網景（Netscape）之間的差距。2000 年，法院在一審中判定政府勝訴，責令微軟公司分割為兩家公司。但是微軟提出上訴，在 2001 年布希政府上任之後，透過與政府進行談判而避免公司分割的命運。法院在 2002 年命令微軟採取確保公平競爭的措施後，才終結了這一場訴訟。

手機時代的領頭者，毫無疑問是 Google 與蘋果。2020 年 12 月，美國紐約州等 38 個州向聯邦法院提出 Google 違反《反壟斷法》的訴訟。在前一天，Google 已遭到美國德州等 10 個州的州政府，提出相同內容的《反壟斷法》訴訟。政府在向聯邦法院提出長達 64 頁的訴狀中，指控 Google 採取多種形式的不公平做法，維護其廣告市場的壟斷優勢。如果沒有法院的命令，Google 將會透過反競爭策略使競爭機制失效，消費者的選擇將會減少，進而扼殺創新。其中一個範例是 Google 與多家智慧型手機的業者和電信公司簽訂排他性合約，讓 Google 的 app 成為預設內建軟體。當消費者使用新的智慧型手機時，不只已內建了 Google 的搜尋視窗，還預設內建了 Gmail、Google 地圖等軟體，因而阻礙其他競爭者加入市場。Google 為了與美國國內智慧型手機市場市占率第 1 名的蘋果聯手，在 2018 年支付 90 億美元、2019 年則支付 120 億美元做為代價，讓蘋果手機將 Google 搜尋預設為內建軟體，阻礙了其他搜尋引擎業者的加入。

Google 透過這類方法，在網路搜尋引擎市場建立了非法壟斷的地位，進而損害消費者和廣告商的利益。Google Chrome 瀏覽器的全球市占率為 70%，在手機搜尋中有 95% 是透過 Google 搜尋。Google 憑藉強大的搜尋引擎，囊括全球線上廣告市場三分之一的營收——在 2020 年的金額為 420 億美元（約新台幣 1 兆 1 千 7 百億元）。美國的法務部次長傑弗里·羅森（Jeffrey Rosen）在記者會中表示：「如果不阻止這種行為，美國人將永遠不會有機會在市場看到第二個 Google。」

在元宇宙的時代會如何呢？《網路政策期刊》（*Journal of Cyber Policy*）的主編艾蜜莉·泰勒（Emily Taylor）在 2016 年 12 月撰寫的一篇專欄中寫道：「當世界移居到網路之後，支配世界的不再是國家，而是企業。Google 殖民的國家比古羅馬帝國還多。在全球 95% 的國家中，Google 與旗下的 YouTube 是最受歡迎的網站。Google 靠貓咪影片和網紅 PewDiePie，在 20 多年之間，不費吹灰之力地征服了世界。」

在元宇宙時代，人們會移居至何處？你又想要往何處移居呢？除了網站，你會聚集在哪一個元宇宙的空間呢？現在人們究竟又聚集在哪一個平台呢？隨著元宇宙時代啟動，平台之間的競爭將會面臨新的局面。當然，原本的平台霸主不可能在一夕之間崩潰，他們也會著手準備迎接新的元宇宙時代；但是，新的平台競爭局勢將會形成，並開啟爭霸之戰，不，是已經開戰了。元宇宙平台的強者《要塞英雄》和蘋果已經在訴訟之中。

問題的起因是 2020 年 8 月，《要塞英雄》的開發商 Epic Games 推出可繞過蘋果 App Store 的付費服務。Epic Games 決定導入本身之付費系統的原因，是在不公平的 app 通路結構上，蘋果的 App Store 占有主宰地位。想要使用 iPhone 或 iPad 體驗《要塞英雄》遊戲，就必須在蘋果的 App Store 下載 app，並透過遊戲內的虛擬貨幣 V-Bucks 購買道具。問題是玩家只能在 App Store 中付費，而蘋果針對 app 付費項目會收取 30% 的手續費。

在 Epic Games 推出自家的付費服務之後，蘋果表示 Epic Games 違反了蘋果的政策，而將《要塞英雄》從 App Store 中下架，導致原先的《要塞英雄》玩家無法更新遊戲，新玩家也無法下載遊戲。針對此情形，Epic Games 在 #FreeFortnite 主題標籤與宣傳活動中發布了模仿蘋果在 1984 年的麥金塔廣告，蘋果在該廣告中將 IBM 比擬為「老大哥」（Big Brother）；Epic Games 並同時向蘋果提起訴訟。

Epic Games 表示，自己的商店只收取 12% 的手續費，但蘋果的 app 付費手續費用卻高達 30%，批評蘋果的商業模式會扼殺競爭。對此蘋果也透過反訴訟做為回應。於是 Epic Games 執行長史威尼召集了對抗蘋果和 Google 的企

· 蘋果 1984 年的麥金塔廣告（上）與要塞英雄模仿的廣告（下）

出處：YouTube

業，並大舉僱用律師與專家。Epic Games 以找回自由的名義，將這項計畫命名為「自由專案」（Project Liberty）。對此微軟、Meta 和 Spotify 也表達了對 Epic Games 的支持，並共同參與了這項計畫。史威尼在提告之前，曾發送電子郵件給表達支持的企業，他表示「很快就可以欣賞煙火了」。

史威尼擁有對抗大企業的經驗。Epic Games 為了將《要塞英雄》擴大到電子遊戲機平台，曾向微軟、任天堂與 Sony 等電子遊戲機製造商提議合作。微軟和任天堂都表示贊成，唯有 Sony 猶豫不決。因此，史威尼將遊戲改版，讓 PlayStation 的玩家和 Xbox 的用戶可以一起體驗《要塞英雄》之後，再撤回這項改版內容，導致原本充滿期待的 PlayStation 的玩家向 Sony 提出抗議，最後 Sony 在 2018 年決定與 Epic Games 一起合作。

在網路革命時代，平台強者崛起並主導了市場，壟斷和不公平行為的爭議一直不斷延燒。繼網路之後，元宇宙時代也出現了新的平台強者，而且未來還會陸續登場，而他們也將持續競逐平台霸權與規範平台的主導地位。

雖然元宇宙可以為產業和社會帶來創新，但是也會產生令人意想不到的社會與道德倫理問題。因此面對元宇宙的創新時，也必須慎重思考元宇宙背後所衍生的問題。我們應該參考目前已有的案例，針對元宇宙快速發展衍生的問題，討論及制定相關的解決方案。

▶ NFT 使著作權更健全還是更脆弱？

NFT 是利用區塊鏈的加密技術，將 JPG 檔案或影片加上獨一無二的識別代碼的新型數位資產。將數位檔案的所有權資訊儲存在區塊鏈，即可防止偽造或竄改，並可透過 NFT 判斷數位作品的真偽，因此越來越多人將其活用於數位藝術品、數位道具等多元的交易領域。在 2017 年的遊戲謎戀貓（CryptoKitties）中，就可看到 NFT 的初期模型。這是一款讓玩家透過區塊鏈購買限定版貓咪，然後以交配

· Beeple 的 NFT 創作「每一天：前 5000 天」

出處：CHRISTIE'S IMAGES LTD/BEEPLE

方式飼育貓咪的遊戲。交易是透過加密貨幣進行，如果能培育出美麗的稀有品種時，牠的身價將會快速暴漲。

元宇宙同樣會持續創造出無數的虛擬資產，而虛擬資產的所有權將會成為非常重要的議題，從而產生了讓元宇宙和 NFT 快速結合的誘因。可以透過 NFT 交易的虛擬資產可說是無窮無盡。在美國紐約佳士得拍賣會上，首次拍賣套用 NFT 的數位藝術家 Beeple（本名為 Mike Winkelmann）的作品〈每一天：前 5000 天〉（*Everydays: The First 5000 Days*），並以 6,930 萬美元（約新台幣 19 億元）成交，令所有人都大吃一驚。這個作品是 Beeple 將 2007 年 5 月起，連續 13 年每天發布在網路上的數位畫作集結而成。Beeple 也因此成為傑夫．昆斯（Jeff Koons）、大衛．霍克尼（David Hockney）之後，作品拍賣價第三高的在世藝術家。

存放圍棋棋士李世乭九段唯一一場擊敗 AI「AlphaGo」的對戰數位檔案，以 2 億 5 千萬韓元（約新台幣 586 萬元）成交，而特斯拉首席執行長馬斯克（Elon Musk）的情人兼歌手格蘭姆斯（Grimes）的畫作在製成 NFT 後，以大約 65 億韓元（約新台幣 1 億 5 千萬元）的價格成交。即使是只

· 克里斯塔 · 金的 NFT 創作「火星之家」

出處：克里斯塔 · 金截圖

存在虛擬空間的房子，同樣能以 NFT 進行交易，例如韓裔藝術家克里斯塔 · 金（Krista Kim）的〈火星之家〉（*Mars House*）就以大約5億韓元（約新台幣1千2百萬元）售出。

現在，任何人都能輕易將自己的創作製成 NFT 後進行販售。Kakao 的區塊鏈技術子公司「GroundX」，以自身的區塊鏈平台「Klaytn」為基礎，推出了 NFT 發行服務「KrafterSpace」。在 KrafterSpace，只要上傳檔案，就能簡便地製作 NFT。製作 NFT 時，需要有作品（創作）、加密貨幣、加密貨幣錢包，而將作品製成 NFT 的過程稱為「鑄造」（minting），其手續費則稱為「燃料」（gas），手續費則必須用加密貨幣支付（但目前為免費）。完成後，想要販售NFT的用戶必須將作品上傳至商城網頁。[25] KrafterSpace可以與網頁瀏覽器的錢包「Kaikas」連動供人使用，讓用戶可以在全球最大的NFT交易平台「Open Sea」查詢、登記販售，並交易自己發行的NFT。

除了KrafterSpace，還有許多提供NFT製作服務的平台，像是Open Sea、Mintable、Nifty、Gateway、Rarible與Makersplace等。目前擁有最大NFT生態圈的以太坊（Ethereum）區塊鏈，可以支援Open Sea、Rarible、

・運用KrafterSpace製作、管理、販售NFT的循環

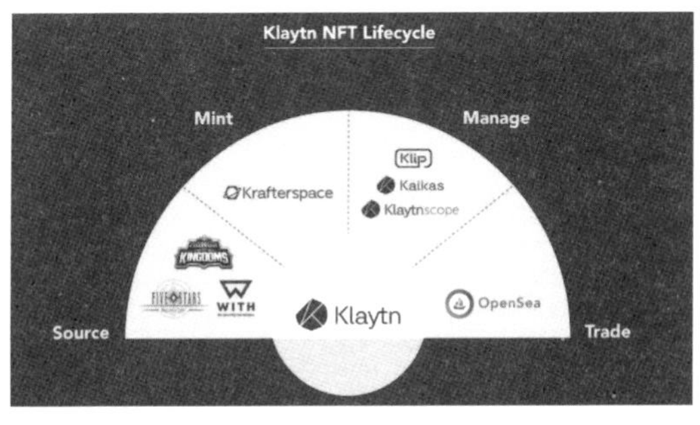

出處：CHRISTIE'S IMAGES LTD/BEEPLE

· Open Sea

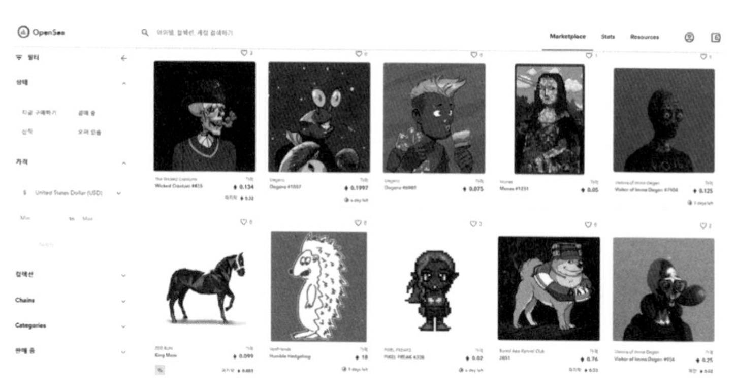

出處：https://opensea.io/assets

Mintable、Makersplace 等平台。

儘管元宇宙與 NFT 都是前所未有的創新，但隨著元宇宙發展，也開始浮現 NFT 的著作權問題。雖然任何人都能發行 NFT，但目前沒有方法可以確認著作權是否屬於發行 NFT 的人。

拍賣企劃公司 Wannabe International 曾表示，要以 NFT 拍賣金煥基的《全面點火：無題》、樸壽根的《兩個孩子和兩個媽媽》與李仲燮的《黃牛》，並同時在 22 個國家進行線上競標。但是，該公司雖與作品收藏者達成了拍賣協議，卻未事先與這些作品的著作權所有人協商，因此發生了爭議。由於作品的著作權和所有權是由不同人所持有，收藏者沒有著作權，不能將作品製成 NFT。最後，這個事件在 Wannabe International 與收藏者向著作權人道歉後平息了爭議，不過，未來這類爭議仍會不斷出現。

因為無法驗證 NFT 是否有著作權的問題，且 NFT 本身只使用後設資料（metadata）的方式提供，因此在連結或著作消失時，是否在制度上獲得保障也是一個問題。此外，也會發生將著作權保護年限已過的作品製成 NFT 販售的情形。我們必須從多方面視角討論元宇宙革命引起的 NFT 議題，以尋找因應的方案與政策。

METAVERSE

第6章

元宇宙轉型策略

BEGINS

1

元宇宙：人 × 空間 × 時間的革命

部分研究結果顯示，曾經支配地球的恐龍之所以會滅絕，是因為小行星的撞擊所造成。在 6 千 6 百萬年前，一顆小行星掉落在墨西哥猶加敦半島附近的海域，形成半徑 2 百公里的隕石坑，導致環境發生劇烈的變化。[1] 恐龍因為無法適應生態系統發生的劇變而滅絕，顯示出力量固然重要，但是適應力更重要。隨著元宇宙的發展，數位世界也隨之急劇膨脹，無數虛擬行星在與物理性地球融合的同時，將會發生撞擊，因此我們必須在元宇宙革命中學會適應才能存活。

現在就開始準備迎接即將正式展開的全新革命──元宇宙的時代。近年來出現了許多元宇宙平台，在技術方面持續革新，而投資也不斷增加，這些都代表元宇宙已具備展翅高飛的條件。未來元宇宙所帶來的變化既深又廣，且人們在元宇宙中度過的時間也會增加。未來學家漢米爾頓（Roger James Hamilton）提到：「2024 年，我們在 3D 虛擬世界中的時間，將會比目前在 2D 網路上的時間更長。」

· 元宇宙內容的製作方式與運用環境

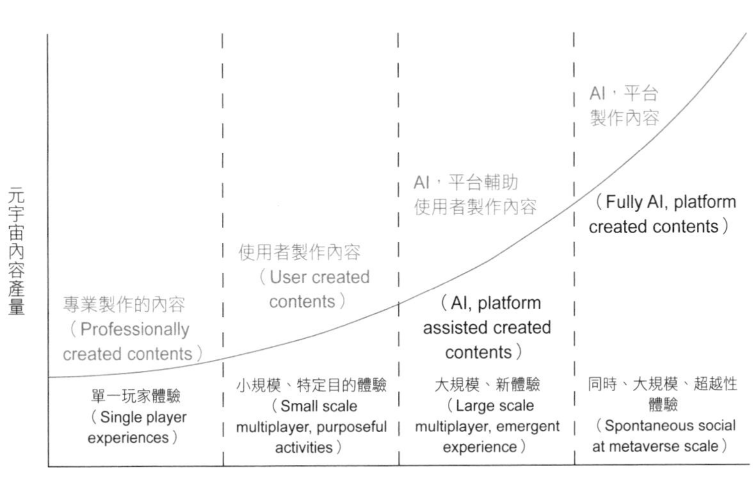

出處：Jonathan Lei, "Meet Me in the Metaverse"；作者整理重繪

任何人都可以透過 Unity、Unreal 引擎和「Metahuman Creator」等元宇宙製作平台，免費、輕鬆、快速地創建虛擬空間和虛擬人物。隨著這類智慧化製作平台持續登場、進化與正式啟動之後，元宇宙的內容將會呈指數型成長，當這些內容與各種設備結合時，元宇宙的生態圈也會急速擴增。即將來臨的元宇宙不會只依賴少數專家，而是會由許多人分別和共同創造出無限的想像世界。

我們會利用複合通用技術 XR + D.N.A 在虛擬沉浸（immersion）空間和智慧化的（intelligence）虛擬角色與五感互動（interaction），同時在元宇宙世界實現在現實中不可能成真的想像（imagination）。換句話說，是以 4I 創造的差異化體驗價值，創造出新的未來。

我們現在必須超越與人類、空間和時間有關的傳統常識及慣性，構想出新的策略。在多個領域中結合人 × 時間 × 空間，設計出全新的元宇宙體驗，以確保未來的競爭力。目前元宇宙大部分是運用在遊戲與社群網站服務等溝通互動的 B2B 領域中，但是其發展已經進入起步階段，正在擴展至 B2B、B2G 等整體經濟中，因此為了挖掘新的機會，需要經濟參與者多方面的努力，制定在所有行業和社

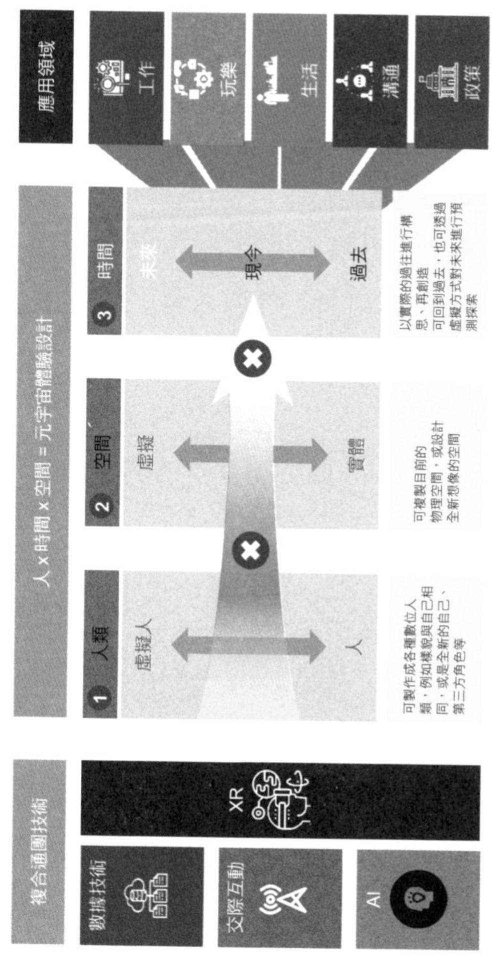

出處：軟體政策研究所（2021），「登入元宇宙：人 × 空間 × 時間革命」

會領域都適用的計畫，也就元宇宙轉換（metaverse transformation）策略，以迎接驚人的未來。

我們再回到第 1 章的第一個問題。如果可以創造出人、空間與時間，你想要做什麼呢？我們一起用心想像，共同創造令人讚嘆的未來吧！透過元宇宙，我們將能運用在現實中不可行的策略，創造公司的競爭優勢，為公眾與社會帶來創新，讓副角（附加角色）超越本體（原始角色），設計出全新的人生。

2

企業需要顛覆思維

▶ 全新的戰場，全新的視角

在元宇宙時代，企業必須從新的角度進行競爭與合作，因為戰場已經改變。首先，我們需要從不同的角度審視競爭。Netflix 的執行長瑞德·哈斯汀（Reed Hastings）指出，Netflix 最大的競爭對手不是迪士尼，而是《要塞英雄》。為什麼線上影音串流平台 Netflix 的戒備對象是《要塞英雄》，而不是同業呢？因為《要塞英雄》不只是一個遊戲，而是一個超越遊戲的生活空間，不只能舉辦稱為「Short Nite」的電影節，更是首次發表 BTS 舞蹈版 MV 的地方，同時也是全球知名歌手們的演出場地。

如果數億人在元宇宙平台《要塞英雄》消磨時間，就會減少收看 Netflix，這就是 Netflix 的執行長關注它的原因。戰場已經超越線上與線下，延伸到元宇宙空間中。在這一場競爭中，原先的網路恐龍們也不能置身事外，因為聚集數億人的元宇宙平台將會持續拓展事業領域。若無法從新的視角看待競爭環境，則恐龍們將會因為新的虛擬行星撞擊而在世界上滅絕。這不代表原先的競爭對手不重要，只是說，所有人都必須小心留意，如果只看到眼前的競爭對手，將會被視野外的競爭對手扳倒。

我們也需要拓展合作範圍。元宇宙遊戲公司 Niantic 與英國劇團 Punchdrunk 簽訂了合作協議。元宇宙遊戲公司為什麼要與劇團合作？因為 Punchdrunk 劇團是以讓觀眾實際參與，並與演員互動的沉浸式演出而聞名。Punchdrunk 的演出中沒有第四道牆，觀眾可以與舞台上的演員一起互動，因此觀眾將能體驗到不同於過往戲劇的客製化體驗，其中最具代表性的作品為《無眠之夜》（*Sleep No More*）。《無眠之夜》會在演出的 3 小時中，帶領觀眾走入 6 層樓的飯店內部。觀眾可以自由探索超過 100 個房間，有時候則會獨自被演員帶至偏遠角落的房間中與演員一對一接觸，讓觀眾獲得超乎想像的戲劇體驗。[2] 在《無眠之夜》的演出中，觀眾都會戴上面具隱藏自己的身分，而手機會被嚴格限制，也不能交談，以引導觀眾專注於演出現場。觀眾在 Punchdrunk 呈現的 100 個房間中，戴著面具感受全新的體驗，不覺得很類似線下呈現的元宇宙嗎？Niantic 與 Punchdrunk 的合作，是一種線上與線下元宇宙公司的合作。由於 Niantic 正致力於透過 AR 呈現元宇宙，因此決定與 Punchdrunk 聯手，透過多方面的合作，創造出虛擬與現實融合的故事，帶領我們走入全新體驗的世界。

· Punchdrunk 的「無眠之夜」演出

出處：Punchdrunk

· 騰訊投資的元宇宙企業

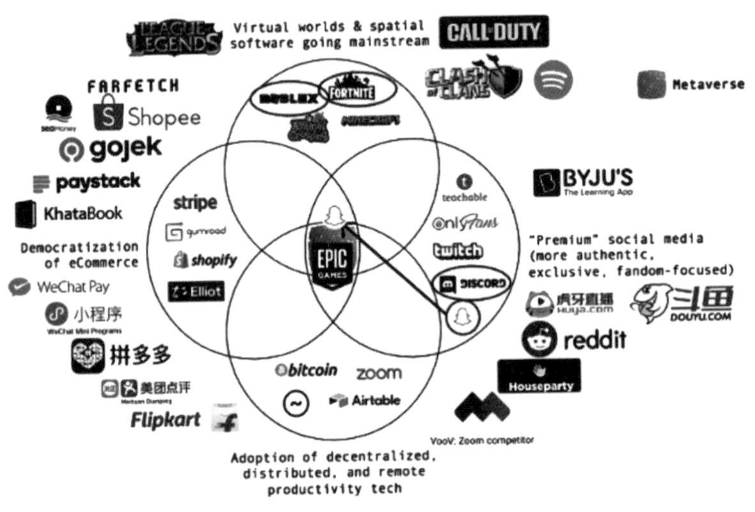

出處：騰訊

中國的網路企業騰訊正在透過投資，擴大元宇宙的合作網路。騰訊在 2013 年收購了《要塞英雄》48.4% 的股份，最近又買下 Snap 這間主攻 AR 的公司 12% 的股份。此外，騰訊也多方投資，對象包含在元宇宙中扮演重要角色的區塊鏈技術，以及各種便於在元宇宙中擴張的平台產業。除了騰訊之外，無數的精品、電子、娛樂公司都已經開始與元宇宙平台合作，同時建立自己的元宇宙平台。

那麼，在製作虛擬空間方面的領先企業 Unity 和 Epic Games，正在與哪些對象進行合作呢？過去在遊戲領域，以強大元宇宙製作平台主導市場的企業與誰簽訂了合作備忘錄（MOU）？在韓國，包含 CJ ENM、三星重工（Samsung Heavy Industries）、大宇造船海洋（Daewoo Shipbuilding & Marine Engineering Co.）、斗山工程機械（Doosan Infracore）、萬都（Mando Corporation）、高麗大學、慶尚大學和青江文化產業大學等各企業與大學，都各自尋找合作的方法，以建立符合本身產業的元宇宙生態圈。

▶ 瞭解「元宇宙原住民」

在元宇宙中需要從多個面向理解顧客，並從新的觀點看待顧客，因為每個顧客都擁有「多面向人格」（multi persona）。*persona* 在希臘語中具有面具的意思，意即對外表現的外在人格。多面向人格的意思為一個人擁有多個替換的面具，可以在面對不同狀況時改變自己的身分。若在現實中以本體（原始角色）生活，則可在元宇宙中變身為新的副角（附加角色）。雖然本體和副角可能會有部分相當相似之處，但是也可能會依據個人性向，呈現出極端的差異。

目前最熟悉元宇宙的世代是 1990 年代中期至 2000 年初期出生的 Z 世代，也是元宇宙原住民（metaverse native）世代。從小就習慣透過社群網路之虛擬環境塑造新自我的 Z 世代，將會透過多重人格，創造、表現各種不同的副角。例如，在領英（LinkedIn）會表現本身的專業、在 IG 強調奢華的日常，Z 世代會在 NAVER Z 的元宇宙平台 Zepeto 與 NCsoft 的粉絲社群「Weverse」中，分別會呈現出不同的人格。[3]

根據 app 分析企業 Sensortower 所述，在 2020 年，美國 10 歲以上的青少年，每天會在 Roblox 上耗費 156 分鐘，在 YouTube 上耗費 54 分鐘、在 IG 上耗費 35 分鐘、在臉書上耗費 21 分鐘。此外，根據 Roblox 的問卷調查結果，美國 10 歲以上的青少年中，52% 在類似 Roblox 的線上平台耗費的時間，多於在現實中與朋友相處的時間。美國的 10-17 歲青少年中，40% 每週至少會上線一次《要塞英雄》，占整體休閒時間的 25%。

美國銀行（Bank of America）表示，Z 世代的經濟實力成長速度位居所有世代之冠。截止至 2030 年，Z 世代進入勞動市場後產生的所得將會達到 33 兆美元（約新台幣 920 兆元），占全球所得的四分之一以上，並預期在 2031 年會超越千禧世代的所得。[4] 因此必須理解 Z 世代與他們的人格，以制定行銷策略。

在元宇宙時代應關注 Z 世代的理由非常明確。但讓我們反思一個問題，元宇宙只專屬於 Z 世代嗎？在目前備受關注的元宇宙遊戲中，我們可能有充分的理由這樣認為，但元宇宙不只存在於遊戲和社群之中，同時也存在所有產業的工作場所、改革社會的非營利機構，甚至是政府機關中。在 B2B 領域，元宇宙已經進行了各種不同的嘗試，並正在快速擴散中，在這個領域中可以體驗到元宇宙的人不只是 Z 世代而已。要從狹義的角度來理解元宇宙，或是從廣義的角度解讀來尋找機會呢？我們思考的角度不同，將會看到不同的顧客樣貌。不論是哪一種理解，總是有機會在等著我們的。

▶ Made in Metaverse 元宇宙製造

現在，企業必須從元宇宙的觀點，重構人、空間和時間的策略，包含在元宇宙中工作、融合虛擬與現實以創造產品和服務，以及革新生產力，並創造競爭優勢。顧名思義就是「元宇宙製造」（made in metaverse）。

房地產公司 Zigbang 的員工不再需要到實體辦公室出勤，而是透過元宇宙的辦公平台 Gather Town 進行工作。他們在登入 Gather Town 之後，將會看到依據辦公室結構建置的虛擬辦公室，也會擁有自己的座位、辦公桌與會議室。將自己的虛擬角色移動到想要談話的同事旁邊，就會自動啟用視訊會議系統，讓人可以開始談話，此時也聽不到遠處同事的聲音。

使用虛擬角色的虛擬辦公室，對於彌補原本遠距工作系統的缺點可說是意義重大。由於空間布置比照原有的辦公室，因此在這樣的元宇宙空間中與同事談話，讓人有回到辦公室上班的感覺；此外，也無須特別約定視訊會議時間或是發送連結等待對方回應，因為利用虛擬角色，想談話的時候隨時都可以找同事面對面聊聊。除了 Zigbang 之外，現在許多全球大企業都在使用元宇宙辦公平台，包括Netflix、迪士尼、Uber、歐特克（Autodesk）和 Shopify。

Meta 則制定了新規定，讓想要遠距上班的員工，不分職級都可以提出永久居家上班的申請。Meta 執行長祖克柏在給員工的訊息中提到：「在過去一年，透過出色的工作流程，讓我知道在任何地方都可以工作。」未來 Meta 的員工究竟會在何處工作？其全球的員工將會聚集在 Meta 的元宇宙辦公室「無限辦公室」之中。

不只是 Meta，推特、Dropbox、賽富時（Salesforce）同樣採用永久居家上班的方式，但是這不表示各行各業都會在元宇宙辦公室上班，而是必須依據產業與工作的特性，靈活應用元宇宙辦公平台。可以肯定的是，在元宇宙工作的時間將會增加。如果透過元宇宙可以提升工作效率及促進創新，將無法再回到過去的工作模式。

企業的具體活動大致可分為通路、製造、行銷等主要工作以及研發、人事等支援工作，其如同鎖鏈般相互連結，透過緊密的連結創造出價值，而在元宇宙工作及製作產品和服務，意味著將價值鏈（value chain）轉換到元宇宙裡。我們在第 3 章已從製造、通路、廣告等不同領域了解元宇宙如何改變產業：通路市場刮起了虛擬風潮，企業開始經營虛擬工廠，全世界的人才則都聚集到元宇宙中進行設計與研發，並由虛擬人在價值鏈中支援企業宣傳等工作。元宇宙將全面應用在企業的價值鏈中，進而提高生產力。

除了能在虛擬辦公室工作之外，我們也應該透過將元宇宙引進公司的整體價值鏈中，找出創造競爭優勢的方法。我們可以先檢視企業的價值鏈是否需要實體的資產與人員，還有在轉移（transport）有形的資產與人員之前，先思考是否能透過傳送（teleport）達成目的。元宇宙的創新也許正在等著你。

▶ 在元宇宙面試與受訓

讓我們先嘗試在企業的價值鏈中，將人力資源（human resource, HR）領域轉換為元宇宙。元宇宙正廣泛應用於從徵才到教育訓練的過程之中，以獲得傑出的人才。LG 伊諾特（Innotek）在製造業當中，率先運用元宇宙平台 Gather Town 舉辦雙向互動的招聘說明會。參與者包含事前提出申請並收到邀請函的 400 多位大學生，以及 20 位人資與實務工作者，他們全都採用虛擬角色的形式。求職學生利用虛擬角色進入完全重現 LG 伊諾特總公司一樓的虛擬空間中，自由參加他們感興趣的項目。不只可以去聽 LG 伊諾特的人事制度、組織文化說明會，也可以與前輩員工談話、針對各職務別進行諮詢以及與人資一對一面談。此外，參加者也能在虛擬畫廊中觀看公司的介紹影片，或是在重現真實辦公室咖啡廳的休憩空間中自由閒聊與互動，而虛擬咖啡廳還會舉辦驚喜活動，贈送優惠券給在特定時間與咖啡師交談的人。

· LG Innotek（左）、SK telecom （右）的元宇宙招聘說明

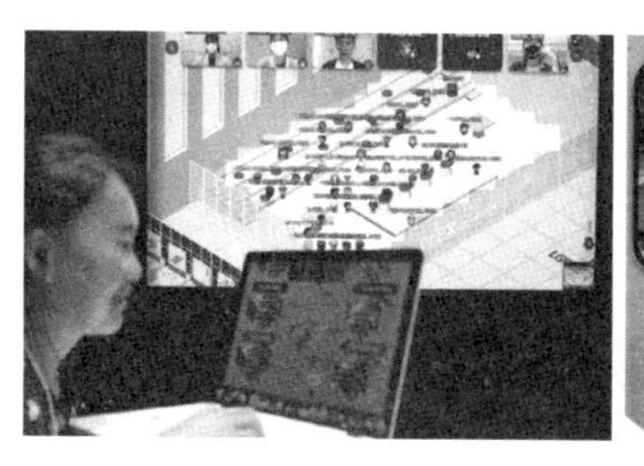

出處：LG Innotek、SK Telecom 官方網站

SK 通訊（SK Telecom）在考量求職學生的便利性與安全性之後，運用本身的元宇宙平台「Jump Virtual Meetup」舉辦了創新招聘說明會。在 Jump Virtual Meetup，參加者可以創建專屬的虛擬角色，並在最多可以讓 120 人同時上線的元宇宙中舉辦遠距會議、論壇、演出和展示等各種活動。在 SK 通訊舉辦的元宇宙招聘說明會上，透過招募選出的 600 多位求職學生與招聘負責人透過虛擬角色見面，並依序介紹 SK 通訊、人資制度、招聘方式、招募公告等，並在之後進入問答時間。招聘說明會結束之後，下一階段則是元宇宙面試。

德國鐵道公司「德國鐵路」（Deutsche Bahn）已開始使

· 德國鐵路的元宇宙面試

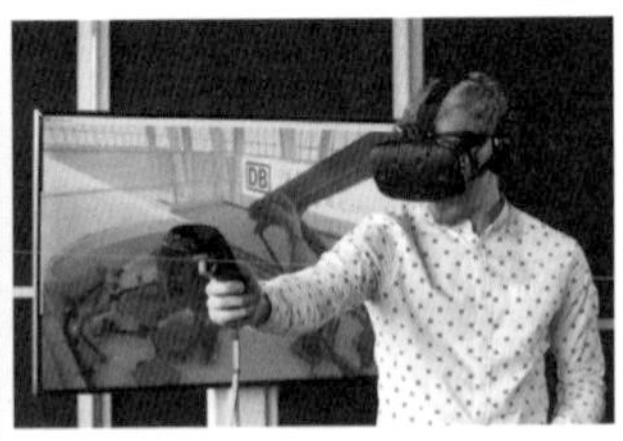

出處：德國鐵路官方網站；www. edition.cnn.com, "How VR is transforming HR"

用 VR 招聘新員工。應徵者會戴上 VR 頭盔，透過 VR 在如同現實般的氛圍中親身體驗工作內容，同時評估是否具有解決工作問題的能力。

以色列公司 Actiview 運用 VR，開發出評估企業應徵者能力的招聘平台。應徵者透過 Actiview 平台參與解謎形式的測驗，企業可以用 VR 模擬、控制應徵者在虛擬環境中的所見所聞，還能在虛擬辦公空間內觀察應徵者解決問題的能力，包含他們採取什麼策略、如何思考問題、是否會依序解決難題等。此外，Actiview 平台也為應徵者提供與公司最高決策者虛擬會面的機會。[5]

· ActiView 平台

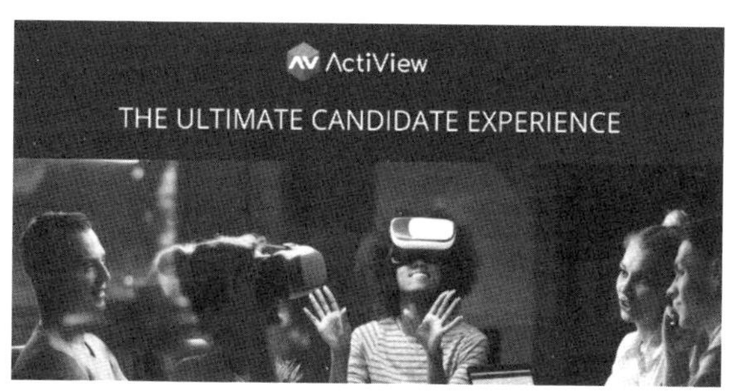

出處：ActiView 官方網站

現在我們通過了面試，準備透過元宇宙參加員工新訓。LG 化學（LG Chem）在元宇宙舉行員工新訓，LG 化學是運用元宇宙的平台，在線上重現新進員工接受教育訓練的公司環境。虛擬教育中心設有大禮堂、職務培訓室、教室、休息室和餐廳等與真實教育中心類似的空間。以生產、研發、業務等不同領域入職 LG 化學的新進員工，將以虛擬人物的方式在虛擬空間中活動，並學習工作資訊與在公司生活需要的情報，例如在分組的會議室中運用虛擬角色及視訊來解決任務，或是在大禮堂與化身為虛擬角色的高階主管進行會談。

我們完成了新訓，準備前往元宇宙開始上班工作。房地產公司 Zigbang 在元宇宙平台 Gather Town 建立了辦公空間，將總公司移轉至元宇宙，原先的辦公室已經不存在，只留下幾處與客戶開會之用。所有員工都是在自己的住家連線至元宇宙，由虛擬角色坐在自己的辦公桌前工作。Zigbang 也將自行開發元宇宙平台「Metapolis」，然後將辦公室移轉到那個虛擬空間。最近 Meta 宣布了永久居家工作的政策，意味著不是短暫的居家辦公而已，而是永久在家工作。若 Meta 開始實施永久居家辦公時，員工將會在何處

· 元宇宙的員工新訓（左，LG 化學）與上班（右，Meta 的無限辦公室）

出處：LG 化學、Meta 的官方網站

上班呢？一切都在 Meta 的計畫中，因為他們已經開發出使用 Oculus 平台的虛擬辦公室「無限辦公室」。推特與 Naver 的子公司 LINE Plus 也已經實施永久居家辦公。

正式開始在公司上班後，我們可以使用元宇宙接受各種工作培訓。Talespin 開發了以 VR 為基礎的企業人力培訓計畫，讓員工透過與虛擬角色對話，接受各種工作培訓。計畫中準備了各種腳本，可以依據員工的狀況與虛擬夥伴練習如何談話及合作，此外，也會依據員工的應對方式即時提供回饋。在客戶管理培訓方面，則準備了針對憤怒的客戶、悲傷的客戶、累積不滿的客戶等多種情境進行培訓，讓員工可以因應在現實中遇到的類似情況。

‧使用元宇宙的員工教育訓練（左：Mondly；右：TaleSpin）

出處：Mondly、TaleSpin 官方網站；軟體政策研究所（2020），全球 XR 運用最新趨勢與時事觀點

透過元宇宙也可以提升員工的語言能力。運用語言學習元宇宙平台 Mondly，即能與虛擬家庭教師談話，或在 VR 情境中學習各種語言。

在某些情況下，人們也會尋找在元宇宙裡的工作機會，能以虛擬角色的身分工作，並賺取虛擬資產做為薪水。區塊鏈元宇宙平台 Decentraland 在發布徵才公告後，聘用了在 Decentraland 元宇宙賭場工作的全職經理。這位經理因此放棄了現實中的酒保工作。他將在虛擬世界中處理賭場經理在現實生活中的日程管理、業績管理等監督工作，而他的工作只會記錄在以太坊的區塊鏈。

這類聘用前的過程與之後的工作培訓都會運用元宇

· Decentraland 的賭場招聘廣告

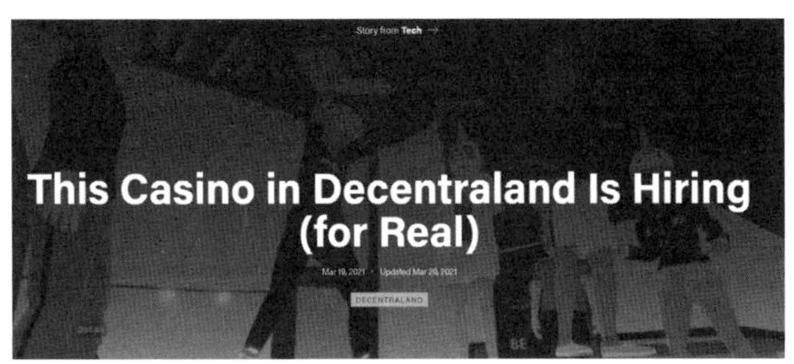

出處：https://www.coindesk.com

宙。當然，這不表示所有的人資程序都會轉入元宇宙，還必須該考量企業的規模、產業特性與成本等各種因素。隨著新冠肺炎改變了工作習慣，預期未來的人資已無法回到過去的模式，必須從元宇宙中找到可行的方式。

▶ 向防彈少年團學習

BTS 在 2020 年獲得美國音樂雜誌《告示牌》（*Billboard*）評為最佳流行歌手，接著又締造了一系列令人驚訝的紀錄。看美國時事週刊《時代雜誌》(*TIME*)的介紹時，可以發現更有趣的事，就是《時代雜誌》同時將 BTS 的經紀公司 HYBE 與 Google、特斯拉、蘋果，評為全球最具影響力的 100 大企業。在韓國企業中，只有三星與 HYBE 入榜。《時代雜誌》解釋他們評選的 100 大企業，都是「經營的事業對世界造成非凡的影響力」，並提到兩件與 HYBE 有關的事，亦即如同迪士尼般提供對粉絲友善的經驗，以及朝國際發展的 BTS 智慧財產權。BTS 經紀公司 HYBE的「非凡競爭力」，主要來自於他們紮實的音樂性、品格與實力。他們還有一個最佳的幫手——元宇宙。

·時代雜誌評選 100 大企業與 BTS 所屬的 HYBE 經紀公司

HYBE
CREATING A BTS-FUELED EMPIRE

出處：https://time.com

《時代雜誌》強調，HYBE 可以提供與迪士尼一樣的體驗價值。HYBE 是運用元宇宙呈現出這種價值的。平時 BTS 會以 Vlog（影像部落格）的方式，記錄他們真實的生活日常再與粉絲進行交流。這主要是利用以「生活記錄」為基礎的元宇宙。

雖然 BTS 是在 2013 年 6 月出道，但是 HYBE 將 BTS 成員在出道前親自錄下的影像記錄都上傳至部落格。影片如同日記一般，記錄成員們抱持著什麼想法準備出道、一整天在工作室中進行哪些練習等生活記事，然後透過社群網路散播出去。雖然 BTS 透過自製內容建立粉絲群，而非藉由電視綜藝節目，這件事極具意義，但更重要的卻是「Vlog」這種形式。成員們從出道前開始講述自己的故事，這是過去在電視節目不可能看見的做法。粉絲可以隨著 BTS 出道前的故事，投入強烈的情感，而在 BTS 成為人氣偶像後才成為粉絲的人，也能透過故事了解他們的經歷。[6]

BTS 因為受到新冠疫情的影響而暫停世界巡演，但是他們並未停止演出與交流互動。BTS 透過元宇宙將人與空間和時間重組，為粉絲們帶來全新的體驗。2020 年 10 月，BTS 運用元宇宙呈現出超凡脫俗的舞台，舉辦為期兩天的

元宇宙演唱會 *BTS Map of The Soul ON:E*，累積了 99 萬 3 千多位觀眾，並以 49,500 韓元（約新台幣 1,160 元）的票價帶來大約 500 億韓元（將近新台幣 12 億元）的營收。從開場城牆、出現在 *Intro: Persona* 的巨大隊長 RM（金南俊）、使 *Moon* 的舞台顯得更夢幻的行星，到最後安可曲 *We are Bulletproof: the Eternal* 中以方塊呈現的 ARMY（BTS 官方粉絲團），都是以 AR 技術展現。曲目 *DNA*、*Dope* 中的宇宙和電梯、曲目 *No More Dream* 中的子彈，都是運用 XR 打造而成。

· 運用 XR 技術的 BTS 演出

出處：HYBE

· BTS 的 2020 Mnet 亞洲音樂大獎演出

出處：VIVESTUDIOS

2020 年 12 月 6 日，在《2020 Mnet 亞洲音樂大獎》（MAMA）的最後一首曲子 *Life Goes On* 演出時，因肩傷手術無法同台參與的成員 SUGA（閔玧其）以虛擬的方式登場，他推開虛擬大門走出來，並演唱出自己的部分，讓觀眾感到非常驚艷。以 AR 呈現的 SUGA，不僅外貌與本人如出一轍，連嘴唇與身形也非常自然。

2020 年 12 月 31 日，HYBE 旗下的歌手在線上舉辦了「2021 跨年直播」（2021 New Year's Eve Live）。在演出進行時，BTS 的成員 SUGA 以旁白的方式介紹下一個演出。「若是遇到昨天的我，我會變得更好嗎？正確和錯誤的答

· BTS 與申海澈的合作演出

出處：HYBE

案，被刻上無盡的問題。在這裡，有一個人慷慨地針對這個問題提供了答案。不要理會取笑你夢想的人，不要因為往同一方向前進而感到孤單，不要再感到傷痛。我在音樂激情中療癒。我們將嘗試在這一首歌中完成他的曲子，一首他過去從未在世界公開的曲子。」接著已故的申海澈以全像投影（hologram）的方式登場，BTS 與他一同進行超越時空的演出。

此外，BTS 也造訪了元宇宙遊戲平台《要塞英雄》行星，進行新版 MV 的首次發表。世界級的遊戲引擎開發商 Epic Games 表示：「BTS 將會在《要塞英雄》中的皇家派對上，為所有派對狂人燃燒主舞台。BTS 新歌 *Dynamite* 的

· 在要塞英雄登場的 BTS

出處：要塞英雄官方網站

舞蹈版 MV 預計在韓國時間 9 月 26 日星期六上午 9 點，在此進行全球首播。」同時《要塞英雄》新增了 2 種 BTS 舞蹈道具，將在商城中販售。BTS 透過在數個虛擬星球之間往來，擴大了他們的舞台。

BTS 不只造訪不同的元宇宙行星，也創造了專屬的虛擬行星。他們透過 Weverse 的元宇宙與全球粉絲互動，Weverse 是由經紀公司 HYBE 製作的粉絲社群平台。在 Weverse 註冊的人數已經超過 1 千 5 百萬人，藝人和粉絲的留言，每一個月都超過 1 千 1 百萬筆，每一天平均有

140 萬人造訪。在 2018 年，Weverse 的營收達到 144 億韓元，2019 年達到 782 億韓元，2020 年則遽增至 2,191 億韓元，營收持續急速成長。以 2021 年第 1 季為基準，每一月的訪客人數大約為 490 萬人。連結 BTS 與粉絲的元宇宙平台 Weverse 上，設有可以一起暢談未來的空間、BTS 的留言，以及周邊的商店，也可以在 Weverse 上欣賞元宇宙演出。BTS 以專輯 *BE* 回歸時，也如同往常在 Weverse 提供自製的訪談與粉絲互動。

· Weverse

出處：Weverse 官方網站

HYBE 正在使 Weverse 平台變得更強大。他們將 BTS 在 VLive 呈現的大多數內容都移轉到 Weverse 平台。他們在 Weverse 上公開 BTS 自製的旅遊綜藝 *BON VOYAGE* 第 4 季，這些系列過去都是透過 Naver VLive app 的頻道公開。目前，HYBE 正在與 Naver 合作，準備躍升為元宇宙平台企業。Naver 以 4,110 億韓元收購了 HYBE 旗下經營 Weverse 的 Weverse Company 約 49% 的股份。HYBE 與 Naver 計畫將 Naver 的直播影片平台 VLive 和 Weverse 進行整合。

更值得注意的是，HYBE 未將 Weverse 侷限為專屬於 BTS 的元宇宙平台。Weverse 包含了 BTS、TXT（TOMORROW X TOGETHER）等多位歌手。HYBE 仍在持續收購多個經紀公司，以具備多品牌體制。在 Weverse 上活動的藝人，不只有 NU'EST、Seventeen、Gfriend、ENHYPEN 等，還有 CL、宣美、Henry 等非隸屬旗下的藝人。此外，HYBE 與 Naver 合作之後仍持續大步前進，以 11,844 億韓元（約新台幣 277 億元）收購 Ithaca Holdings 的 100% 股份。該公司旗下的經紀公司 SBProject，擁有亞莉安娜・格蘭德（Ariana Grande）、小賈斯汀等藝人，預計

Blackpink 也會加入 Weverse。換言之，YouTube 訂閱人數第 1 名至第 4 名（小賈斯丁、亞莉安娜、BTS、Blackpink）的藝人，都將聚集在 Weverse 中。HYBE 會安排他們透過 Weverse 平台展開活動，屆時將會吸引數億名粉絲加入 Weverse。小賈斯汀的 YouTube 訂閱頻道人數為 6 千 2 百萬人，在全球藝人中排名第 1，Blackpink 的訂閱人數大約為 6 千萬人、BTS 和亞莉安娜分別擁有大約 5 千萬人的 YouTube 訂閱人數。每一位明星將會各自成為「虛擬行星」，眾多行星會開始進行交流，而 Weverse 將位於它們的中心。

美國《時代雜誌》將 HYBE 評選為「世界 100 大企業」後，第二個強調的重點為 BTS 的智慧財產權。HYBE 運用各種形式創作 BTS 的虛擬角色，如同呈現出「多面向人格」一般。

全球人氣角色「BT21」是 LINE FRIENDS CREATORS 的第一個專案，且是 LINE FRIENDS 與 BTS 合作造就的新概念角色陣容。在過去，都是由專業設計師依據藝人的外型設計角色，而「BT21」的製作方式，完全不同於過去的做法，而是由 BTS 的成員直接參與每一個環節，從角色描

· BTS 與 BT21

出處：BT21 官方網站

繪、塑造個性、故事與產品企劃等，現在這些角色已經活躍於各個領域。

HYBE 也公開映射出 7 位 BTS 成員之外型與價值觀的角色「TinyTAN」。TinyTAN 角色的世界觀是以 BTS 發現第二個自我為概念，透過動畫魔法門（Magic Door）來往於真實和虛擬的世界觀。HYBE 提到：「TinyTAN 不只映射出 BTS 成員的特徵，也映射出透過音樂與表演傳遞之善的力量、共鳴與療癒的訊息。」HYBE 同時表示預計會運用 TinyTAN 公開各種內容。之後，就發布了 TinyTAN 從魔法

· BTS 與 TinyTAN

出處：HYBE

門現身在因現實壓力而感到倦怠的主角面前，安慰和協助其成長的動畫故事。TinyTAN 更成為 BTS 中的柾國愛用的衣物柔軟精品牌——Downy Adorable 的代言人，並開始與各種品牌展開合作。

HYBE 也擴大了元宇宙的合作網路。其透過與元宇宙網石遊戲平台合作，將「BTS World」、「BTS Universe」開發為能讓粉絲與 BTS 的虛擬角色一起體驗新世界的遊戲。同時運用 BTS 的 IP 開發出無數的遊戲，我們將與無數的 BTS 人格見面。

・BTS Universe

出處：Netmarble

HYBE 以多元的虛擬角色和人格呈現 BTS，為粉絲們帶來全新的體驗，這正是「單一源頭、多重化身」（One Source Multi Avatar, OSMA）的策略。將原先的線下舞台重新塑造成現實中不存在的元宇宙舞台，則是一種「N-空間」（N-Space）策略。總體而言，HYBE 是利用元宇宙重構人 × 空間 × 時間，創造出全新的體驗，並以 OSMA、N-空間及合作增強其效果。

長期以來，OSMU、N-螢幕等一直都是強大的內容擴散策略，當然，這些策略在未來仍會有效。但是在元宇宙時代，企業必須在既有的策略之外，構思新的策略，以創

· BTS 的元宇宙策略

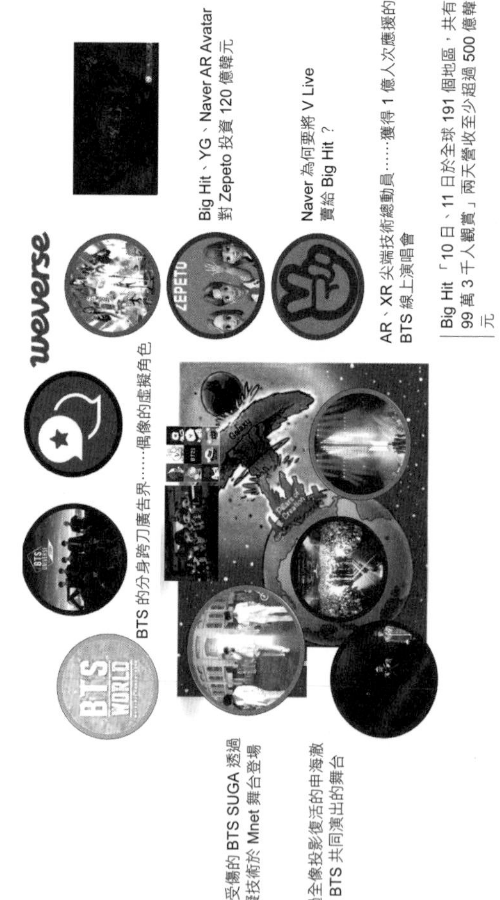

出處：根據主要媒體資料撰寫製作

造出新的人、空間及時間，並創造出新的競爭優勢。讓我們與 HYBE 一樣超越娛樂公司，變身為元宇宙平台吧。

▶ 4I 結合很重要

4I 代表想像、沉浸、智慧、互動，是應用 XR 技術、數據技術、網路、AI 等各種通用技術創造的差異化價值。4I 必須緊密地結合，才能創造良好的元宇宙體驗。

我們回想一下由 MBC 製作，媽媽見到過世女兒的 VR 紀錄片《遇見你》。這部片是由媽媽和製作團隊共同創造，他們運用 4I，將現實中不可能實現的想像、沉浸式虛擬空間、AI 創造的虛擬女兒，以及透過自然互動傳遞的感覺緊密連結，創造出動人的元宇宙空間，若缺乏其中任何一項，都很難完整傳遞出其中的感動。

雖然元宇宙從誕生至今已經很長一段時間了，但過去與現在創造的無數元宇宙未受到關注的原因，就是沒有適當地運用 4I 結合，尤其是 B2B、B2G 的領域更是如此。我們將一個很棒的文化遺址做成元宇宙，當你進入沉浸式空間參觀完遺址後回到現實時，還會有誘因促使你回到元宇宙嗎？除非每一次進去都能感受到新的體驗與互動，否則只有沉浸式體驗不足以成為再次光顧的誘因。這表示在元宇宙生態圈中，合作是非常重要的事。一個企業很難具備所有的 4I 能力，所以需要建立元宇宙合作網路。

3

進化為元宇宙政府

▶ 民眾體驗元宇宙的意義

在網路革命的時代，不只是企業，政府同樣經歷了數位轉型。在國家層面制定振興 IT 產業的政策時，應同時致力改善法律制度，以降低副作用。在瑞士洛桑國際管理學院（IMD）於 2020 年發表的世界數位競爭力報告中，韓國在 63 個接受調查的國家中，排名第 8 名，相較於前一年度提升了 2 名。進一步檢視詳細的指標，將會發現韓國在網路零售業營業額指標排名世界第 1、在網路頻寬速度指標排名第 2，展現出網路強國的事實。再檢視另一項指標，韓國在 2020 年，於經濟合作暨發展組織（OECD）初次實施的數位政府考核中，[7] 獲得綜合考核第 1 名。在新冠疫情的危機中，更突顯出數位政府的競爭力，並已受到世界認可。[8] 除了這項指標之外，更獲得 2019 年 OECD 公共數據開放指數第 1 名、2020 年聯合國網路參與指數第 1 名、2020 年聯合國電子政府發展指數第 2 名等，由此可知公部門也在積極數位化。雖然韓國的數位競爭力和數位政府考核指數在具體指標上仍有優劣，但是也代表韓國已經順利度過網路革命時代。更重要的是接下來的階段，我們必須從網路強國，準備轉換成元宇宙強國。

體驗元宇宙對人們來說代表著什麼樣的意義？VR 的空間概念，可以追溯至 19 世紀的歐洲全景圖。全景圖是在平均寬度 2 千平方公尺、高度 15 公尺之巨型建築的圓柱狀側面，畫上巨大的風景圖。最初的全景圖是英國軍隊為了偵查目的而製作，當時他們是以巨幅畫作觀察敵方的陣營。之後，全景圖被轉移至倫敦，向市民們展現國家的軍事活動，當大眾提高對全景圖的關注之後，19 世紀在歐洲全區建製的全景圖快速增加至 200-300 幅，展覽也隨之增加。據說當時約有超過 1 億 2 千萬位觀眾前來欣賞全景圖。

· 英國萊斯特廣場（Leicester Square）的全景畫

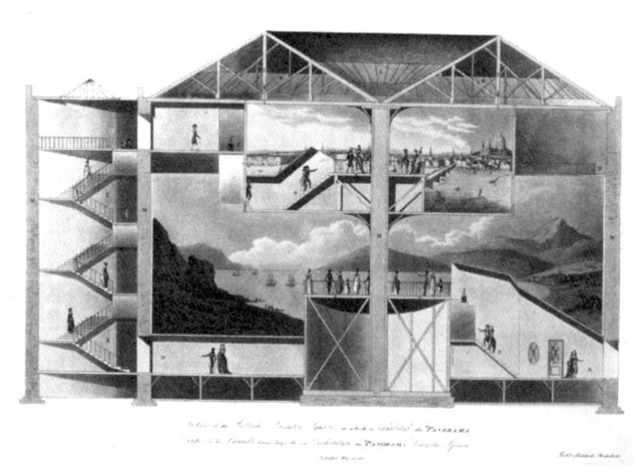

出處：www.bl.uk，以圓柱形狀製成的全景圖斷面

過去的物理性元宇宙吸引了各種教育程度的人們關注，在數十年之後，狄更斯（Charles Dickens）以最貼切的方式表達出全景圖的效果。[9]「未來將會不斷發明出更廉價的新方法，協助人們體驗本身能力無法實現的體驗，且唯國民可以享受些方法時，才能成為時代的特徵[10]，因為這些發明的對象是普通人，而不是特權階級。此方法可以為無暇出門或不得不留在家中的人提供如同真實般的旅行體驗。在他們微不足道的世界外開啟嶄新的世界，透過自省

以獲得資訊，不斷擴大產生共鳴與興趣的領域。當人類越了解人類時，將對人們更有利。」[11]

在元宇宙時代，政府應該準備什麼才能讓人類相互了解和受益呢？

▶ 從電子政府到元宇宙政府

我們必須思考如何從電子政府轉化為元宇宙政府，意即將多種公共服務革新至元宇宙。雖然韓國在 2020 年 OECD 數位政府考核中獲得第 1 名，但是在細項考核的主動性（proactive）中，政府部分只排第 12 名，代表政府必須為元宇宙革命做好準備。「政府 24」是最具代表性的數位公共服務平台，目前的使用率為 57.4%，60 歲以上的高齡層為 18.3%。

有沒有方法可以提高公共服務平台的便利性與實用性呢？從 2D 網路畫面登入到最終接受服務的過程中，需要進行各種輸入與驗證時，多數人通常會在中途選擇放棄。

讓我們想像一下，進入虛擬區公所會發生什麼事。如同真實世界一般走進虛擬空間的入口之後，AI 虛擬人物會詢問造訪的目的。簡單的公共服務將直接由虛擬人協助，而複雜與困難的公共服務則依據需求，則由區公所的員工在虛擬空間處理。離開網路畫面進入等同於現實的虛擬空間，透過與智慧化的虛擬角色進行互動，就能為民眾提供非常便捷的公共服務。使用元宇宙呈現的體驗，就像在現實中民眾自然進入區公所接受公共服務一樣。在金融服務中已經開始實施類似的概念，美國的信用社 GTE（Credit Union Times）已採用虛擬世界，讓顧客在虛擬環境中自行處理金融服務，必要時再由員工提供線上客服。[12]

讓我們想像一下元宇宙圖書館。即使我們留在家中，

· GTE 的虛擬商店

出處：www.cutimes.com

也可以在虛擬圖書館挑選書籍、找一個座位坐下來閱讀電子書或製作資料。若在閱讀電子書時發現朋友在附近，也可以前去交談，或在休息室玩遊戲或聊天。圖書館中設有知識生產平台，可以透過電子書製作工作室，輕鬆地製作和銷售電子書，也可以購買書籍，且可以將在此處賺取的利潤，兌換成現實中的貨幣。

元宇宙時代已經展開，因此有必要研究將各個部門的公共基礎設施和服務轉換為元宇宙的可能性，並加強政策效果，以尋找轉換為元宇宙政府（metaverse government）的方法。因此需要在民眾申訴處理、科學館、圖書館、美術館、國立大學和公共衛生保健等各個公共領域，規劃超越時空的元宇宙體驗並傳達給民眾。此外，應建立虛擬韓國（Virtual Korea），制定以數據為基礎的政策，並建立預測響應系統等，從各方面嘗試轉換至元宇宙。

▶ 政府與民間聯手的元宇宙國防創新

國防是最具代表性的公共服務，也是創新的搖籃。網路革命最初是因為國防而開始。阿帕網路原先是運用於軍事用途，後來才發展成人人可用的網路，進而在各產業與社會中帶動一股創新風潮。美國政府沒有忘記以往的經驗，更將其應用至元宇宙革命時代：美軍希望藉由運用元宇宙，提高戰鬥效率。2021 年 4 月，美國陸軍與微軟簽訂了一份金額高達 219 億美元的合約，將在未來 10 年供應 12 萬台「HoloLens2」AR 頭盔。在這次簽約之前，微軟已在 2016 年開發出 IVAS，並在 2018 年以 4 億 8 千萬美元的價格，將套用此系統的頭盔販售給美國陸軍。

此外，微軟在 2019 年與美國國防部簽訂了為期 10 年 100 億美元的雲端（Cloud）整合合約。只要戴上微軟開發的 HoloLens 頭盔，就可以在眼前看到地圖與指南針，不只能掌握我軍的位置，同時也可透過熱像儀在黑暗中辨識敵軍，還能透過聲音與手勢控制增強的資訊。微軟在元宇宙遊戲《當個創世神》、元宇宙合作平台 Mesh、Teams、雲端及 AI 上，已展現出領先的能力，微軟更將 XR + D.N.A 能力整合在 IVAS 與 HoloLens 中，為美軍帶來創新。未來這些創新將會進一步散播出去，為所有產業帶來一股革命潮流。

美國國防部正在使用元宇宙，致力於打造模擬訓練環境（synthetic training environment, STE），藉由 AR、VR 等各種型態，支援即時、虛擬、建設性的訓練活動。美國國防部因為體認到傳統國防訓練方式的侷限，在 2018 年正式開始啟用模擬訓練環境；其之前也曾使用元宇宙進行國防訓練，現在則會將國防訓練分類後再利用 VR 或 AR 製作成各種型態的元宇宙訓練計畫。然而，各項元宇宙訓練計畫的沉浸度不高，且訓練計畫中的虛擬人物的智能水準也較低，因此缺乏互動性。此外，各訓練計畫的訓練數據無法進行整合、儲存、運用及分析，也無法實施陸軍、空軍、海軍的整合訓練，而訓練計畫中的 3D 空間則是依據不同的計畫個別使用。[13] 因此，雖然製作了許多元宇宙國防訓練，使用率卻很低，且缺乏再次登入的誘因。

在這樣的情況下，美軍便會想要利用新的模擬訓練環境，提升、整合原有的訓練，讓訓練時可以使用單一的 3D 空間地圖，並藉由 AI 讓元宇宙城市中的個體更有智慧、更懂得主動反應，而各種訓練結果則可以進行整合、儲存和分析。陸軍、空軍、海軍和警察將能夠整合協同，因此可以進行各種模擬訓練。與微軟合作的 IVAS 就與虛擬訓練環

· 美國陸軍的模擬訓練環境

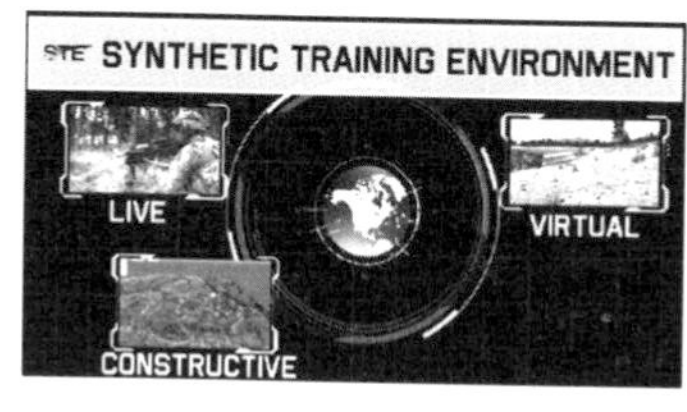

出處：The U.S.Army, IVAS（Integrated Visual Augmentation System）

境有關，因為原有的國防訓練元宇宙各自獨立運作，也無法有效連結 4I，因此必須進行整合與升級以為未來做好準備。虛擬訓練環境在 2021 年第 4 季已具備初期運用的條件，預計在 2023 年將能夠全面運用。[14]

美國政府已經開始與民間合作整合 XR + D.N.A 的能力，將國防元宇宙升級。此能力不會侷限於國防，而是會擴展至所有的產業和社會。韓國政府也應該與民間合作，集中元宇宙的競爭力。

▶ 元宇宙描繪的教育未來

無論如何都必須強調人才培養的重要性。在新的元宇宙革命時代中，教育應如何變化呢？基本方向是打造更多優質的元宇宙教育計畫，讓更多師生可以透過平台一起運用。重點是應該將 4I 與元宇宙教育計畫緊密連結，這與前述的美國國防教育訓練一脈相承。現在許多利用 XR、AI、大數據的教育計畫已陸續提出，問題在於這些計畫幾乎都是以各自的技術為中心，因此效果不彰。

新創公司 Metaverse School 提供了多種元宇宙教學環境與上課所需要的工具。讓我們試想一下在元宇宙環境中進行宇宙教育課程的這種情形：學生們在虛擬空間的冥王星上走動欣賞，並運用頭戴式顯示器的控制器或電腦滑鼠、移動觸控等功能閱讀或聽取與宇宙有關的說明。學生在使用此種無須物理性移動的線上方式時缺乏沉浸感，也只能做簡單的互動，像是了解事先準備好的冥王星資訊。學生會因此瞭解冥王星的所有知識嗎？會想要再次回到元宇宙教育計畫嗎？我認為再次登入的誘因不大。

最近 Google 在開發者論壇上發表了 AI「Lamda」，可以直接針對學生好奇的無數問題進行解答或討論。Lamda在冥王星空間中會發生什麼事呢？學生們會沉浸在與擁有智慧之 Lamda 的積極互動中，經由觸覺手套感受冥王星的地表、穿上觸覺外套以體驗到壓力。

在實現想像的課程中，教師的角色也會產生變化。教師將會在上課前提出功課，然後學生會個別與 Lamda 見面、針對自己好奇的內容發問，並聽取回答，之後回到教室，學生與教師就開始針對冥王星展開深入的討論。學生與 Lamda 的對話和最常詢問的問題，可以透過資料作確認與分析，教師無須如同過去般，使用單一教材對著座位上的學生進行單向式教育；而是可以一起參與製作中立的 Lamda，並將新的知識回饋給 Lamda，同時以 AI 無法擁有的智慧和洞察力與學生進行討論。

若出現連結 4I 的元宇宙大學時，將會發生什麼事呢？若能設計一個超越時空的教育計畫，以及構想出超越教授對學生單方面傳授知識的新元宇宙教育時，將會如何呢？韓國的教育將如何轉變為元宇宙？網路時代的網路大學，在元宇宙中該如何改變？已經開始想像及連結 4I 的元宇宙，正在等待學校與國家加入。

· 元宇宙學校的宇宙課程（左）與 Google 的冥王星 Lamda（右）

出處：https://metaverse.school/; Google IO 發表資料

▶ 建造值得信賴又增進同理的元宇宙

雖然元宇宙可以為我們帶來無限創新的機會，但也會引發相關的社會倫理問題，只有形成一個安全可靠的元宇宙，才能為我們開啟更多的創新機會。政府在建造值得信賴的元宇宙這方面所扮演的角色至關重要。我們很難準確預測使用複合通用技術 XR + D.N.A 會產生哪些危險，因此必須持續更新預測，並檢討目前的法律和制度，再思考因應對策、制定規範，以避免未來發生相關危險，或限制其程度。

歐盟在 2021 年 4 月提出制定與建立可信賴之 AI 有關

的法律制度。由於這次是在 AI 普及之後，大家對於限制的必要性的意識逐漸抬頭而首次出現的法案，因此預期將會對未來制定的監管方向和市場造成重大影響。

AI 的信賴議題與元宇宙具有直接的關係。因為 AI 將與 XR 和數據技術結合，在虛擬空間中創造出無數虛擬角色與智慧化的環境，以及解決社會問題和創新產業。歐盟針對 AI 信賴制定的監管方向，已考量到風險等級。歐盟將風險等級劃分為不可接受的風險（unacceptable risk）、高風險（high risk）、低或最小的風險（low or minimal risk），並建議訂定相應的規範。若將其與元宇宙連結解釋，當元宇宙會影響人們的潛意識，或扭曲、操縱人們的行為時，將屬於不可接受的風險領域，而濫用某些族群的弱勢，例如年齡、身體或精神殘疾，更是一種不可接受的風險。根據歐盟的標準，將禁止使用這類型的元宇宙。

劃分為高風險的元宇宙，則會受到嚴格管控，包含與生命有關的醫療、與社會基礎設施有關的鐵道、與教育有關的入學考核、招聘等各種領域。這類型的元宇宙會必須符合許多要求事項，包含建構風險管理系統、為使用者提供透明的資訊，同時受到人為監督。[15] 假如元宇宙完全不會使用 AI，則大概沒有必要進行上述管控，但是未來的元宇宙幾乎不可能完全排除 AI。

2025 年，預計將有 50% 的勞工每天使用虛擬助理（virtual assistant）。[16] 雖然現在關於如何使元宇宙可信、可靠的討論才剛剛開始，接下來還有許多難題需要解決，但我們現在就必須讓問題一一浮上檯面，讓各個利害關係人針對相關議題進行討論，以尋找改善制度的方向。

若要因應元宇宙帶來的風險，企業的自律和技術性措施也同樣重要，例如在虛擬空間設計出個人泡泡功能，萬一發生性騷擾時，就可以制止其他虛擬角色。企業應該防範於未然，並在元宇宙的風險發生時快速採取技術性措施，避免出現更多的受害者。

如果人們可以信任和善用元宇宙，並相互理解以產生共鳴，將會如同狄更斯所說，可以使每一個人受益。目前，我們正面臨歧視、戰爭、氣候變遷、貧窮、社會孤立、不平等和身心障礙等無數的社會問題；未來，元宇宙在解決這類問題、使人與面臨問題者產生共鳴等方面，將扮演重要的角色；而創建一個值得信賴又可以增進同理的元宇宙，需要政府、企業和使用者的共同努力。

4

在元宇宙設計新的人生

▶「分身」的全盛時代

每個人都具有許多自我、多面向的人格。根據在韓國的問卷調查，77.6% 的上班族回答在公司的自己與平時的自己不同，而隨著年齡層下降，這種傾向就越明顯。在 20 多歲中有 80.3%、30 多歲中則有 78% 回答「相異」，表示社會上的「我」與真實的「我」不一樣。[17]

另一項調查結果也非常有趣。有 45.1% 的上班族回答，下班後仍會與工作保持連結，表示只有身體下班，心神還是留在公司，而且這種傾向會隨著位階提高而更明顯。67.9% 部長級的人回答在下班後仍心繫工作；相反地，62.8% 的一般員工表示會在下班後中斷工作。

有些人的心神整天都在公司，相反地，有些人則將魂魄留在家裡，下班後才會重拾魂魄。對於後者，想要表現自我人格的欲望一定更強烈，換言之，他們想要尋找副角。「分身」是指線上遊戲中，除主要角色外，另外創建的「次要角色」，可做為個人在表達各面向人格時的用語。搞笑藝人劉在錫在綜藝節目《玩什麼好呢》中，展現「劉三絲」、「劉菲斯」、「U-Doragon」、「JIMMY 劉」等各種分身。其中的演歌歌手劉三絲，透過《合井站 5 號出口》、《愛情的再開發》等歌曲獲得龐大的人氣，同時劉在錫也以分身劉三絲獲得了最佳新人獎。此外，劉在錫在變身為「U-Doragon」與歌手李孝利（LindaG）、Rain（雨龍）組成混聲團體「SSAK3」之後，在音樂節目中獲得了第 1 名。以多面向的人格過著多元生活的劉在錫受到了大眾熱烈追捧，之後，許多藝人也開始創建分身展開活動，使分身成為一種趨勢。

2020 年，BTS 發表了 *Map of the Soul: Persona* 專輯，並在聯合國發表特別演說，向全球青少年提出「愛自己，並開發另一個自我」的話題。人格不是在獨自一個人時可以偷偷摘下的防身面具，而是代表著擴展自身的優勢與身分認同。根據韓國的調查，大眾對於分身文化通常會表現出正面的反應，[18] 64.9% 的人對於分身文化秉持正向的態度，只有 7% 抱持負面態度。正向看待分身文化的原因，[19] 包括「可以表現多元的自我認同」(53.1%)、「發現新的自我」(41.0%)、「實現現實中已放棄的夢想或興趣」(30.2%)。在回答的人之中，有 16.3% 已有分身，56.3% 表示「目前沒有，但未來希望有」，由此可見大家高度偏好創建分身。

近期，分身這個用詞才開始受到關注，但其實在元宇宙中，早已有無數的分身藉著表現不同人格特質來展開活動，而更重要的是，分身將會急遽增加、演進，並創造出新的變化。

▶ 以分身生活的人們

以元宇宙區分，接近生活記錄的 YouTube 與虛擬世界服務的領頭羊 Roblox 分別是在 2005 年和 2004 年所成立。

這些公司至今都已超過 15 年，他們在這一段時間持續提供表達自己的生產平台，以支持不斷尋找自我人格的人們透過數位創作活動展現自己。

2005 年首次開始提供服務的 YouTube，目前在全球的用戶已超過 20 億人。人們上傳的影片，每天平均有 1 億部、每分鐘平均上傳 400 小時，而人們每天平均花費 10 億小時在 YouTube 上。在韓國的總人口中，有 83% 的人使用 YouTube，而在 YouTube 上可稱為「人格」的個人頻道數則達到 2,430 萬個。橫跨各產業和各社會領域的人們，在 YouTube 上賺取金錢與表現自己，其中實際在 YouTube 上產出營收的頻道數，[20] 美國大約有 49 萬 6 千個、印度有 37 萬 9 千個、巴西有 23 萬 6 千個、印尼有 19 萬 2 千個、日本有 15 萬 4 千個、俄羅斯有 13 萬 1 千個、韓國則有 9 萬 8 千個。[21] 無數的個人 YouTuber 會在元宇宙中賺取金錢，而他們的活動會與線下連結，透過來往於虛擬和現實之間表達自己的個性，並創造新的價值。

Roblox 這個平台的每月用戶數達到 1 億 6 千 6 百萬人，每天平均的用戶數則達到 3,713 萬人，同時在線人數為 570 萬人上下，而且每天平均會使用 2 小時 26 分鐘。Roblox 的競爭力取決於用戶，用戶會創建遊戲和邀請朋友；當有趣的遊戲售出之後，開發遊戲的人就可以賺錢，Roblox 彷彿是遊戲界的 YouTube。Roblox 提供了「Roblox 工作室」，讓 Z 世代可以透過平台創作各種遊戲，盡情展現自己。截至 2020 年底為止，在 Roblox 中多達 8 百萬人開發過遊戲，累計開發的遊戲數量則超過 5 千萬個。這個平台會開發各式各樣的遊戲，也會舉辦虛擬音樂會。

雖然 Roblox 是元宇宙遊戲平台，Z 世代也會在此進行許多互動。Roblox 在 2020 年以 3 千位青少年用戶為對象進行調查，結果顯示，在受訪者中有 62% 表示最主要的活動為「聊天」。他們會玩遊戲，但是更常用於溝通，並以各種方式表達自己的個性。

Roblox 有一款人氣遊戲稱為《越獄犯與警察》（*Jailbreak*），是由一位名為艾力克斯．巴爾凡茨（Alex Balfanz）的學生所開發。他從 9 歲開始與 Roblox 的朋友一起專注於開發遊戲，在 2017 年高三時推出《越獄犯與警察》的遊戲。《越獄犯與警察》的累積用戶數已超過 48 億人，每年遊戲中之道具的業績可達到數十億韓元。目前巴爾凡茨在杜克大學主修電腦科學。

截至 2020 年為止，Roblox 已分配 3 億 2 千 9 百萬美元（大約新台幣 91 億 5 千多萬元）的營收給遊戲開發者。美國風險投資公司 Meritech 的經營理事克雷格・謝爾曼（Craig Sherman）將 Roblox 評為類似 YouTube 的創業平台，並認為建立在 Roblox 上的經濟結構已足以與現實世界的工作連結。美國 CNBC 報導，2020 年，Roblox 的 127 萬名開發者賺取的平均營收高達 1 萬美元（將近新台幣 28 萬元），前 300 名則為 10 萬美元（大約新台幣 31 億 4 千多萬元）以上。

人們已開始慢慢適應了元宇宙。在 2018 年成立的元宇宙生活平台 Zepeto，才成立 2 年，用戶數已超過 2 億人。Zepeto 設計了一個可以製作衣服、鞋子、虛擬空間等各種生活道具的工作室，稱為「Zepeto Studio」，用戶可以在這個工作室中自製道具，然後販售賺錢。目前，使用 Zepeto Studio 製作道具的人已超過 70 萬人，而製作的道具款式已達到 2 百萬個，虛擬空間則超過 2 萬個。用戶製作的道具已有 2 千 5 百多萬個售出，占了在 Zepeto 販售道具的營收的 80%。隨著 Zepeto 所提供的元宇宙功能範圍持續成長，道具販售的比重將會降低；現在，Zepeto 正計畫增加新的工作室。這就像個遊戲，如同 Roblox 一樣，用戶們可以在 Zepeto 上創建與販售遊戲。

「分身」將會隨著元宇宙的發展，迎接新的機會。新的元宇宙平台會持續進化登場，當元宇宙從 2D 畫面進化至 3D 空間後，將會有更多在線下無法想像的工作出現在元宇宙中。元宇宙的生產平台將會變得更多元，用戶可以利用它賺錢、在虛擬和現實中生活。人們會使用更多元的元宇宙生產、製作平台創新人 × 空間 × 時間，並販售各種新的數位創作。虛擬和現實將會開始互動，並形成彼此共同進化的現象，而這種現象會擴散到所有的產業和社會，並創造出新的價值。這就是即將在元宇宙發生的事。

▶ 虛擬世界的新職業

新革命時代與工業革命和網路時代一樣，都會出現新的職業，有些職業也會消失。在 Naver Zepeto 活動的創作者 Lenge（25 歲），是一位虛擬服裝設計師，他在元宇宙製作虛擬角色的服裝，並對著世界各地即時販售，形同外銷全球。Lenge 起初只是在 Zepeto 工作室製作自己夢寐以求的衣服，不知不覺間就變成了他的新職業。光是在 2021 年 3 月，Lenge 就創造出 1 千 5 百萬韓元（約新台幣 35 萬元）的獲利。Lenge 在可以透過分身逐夢的 Zepeto 中，以虛擬職業實現自己的夢想。

新創公司「CLO-SET CONNECT」從事販售虛擬時尚的布料和輔料。你可以在多元質感與顏色的布料及輔料中挑選與購買，然後套用到虛擬產品上。元宇宙需要大量的虛擬空間，所以也出現了預先製作出大眾會喜歡的空間，再進行銷售的元宇宙建築師。元宇宙專家哈克爾（Cathy Hackl）介紹了一種與元宇宙有關的新職業——全像投影遺產（holographic legacy）律師。全像投影是一種成像技術，能讓投影顯示的物體看起來很真實，並能將已經不在人世的人召喚至舞台上。全像投影遺產律師會負責判定將死者製成全像投影的意圖，或確認死者在生前是否有意授權全像投影。

未來，現實中的職業可以運用各種方式在元宇宙中進行轉換，同時也會出現無數只存在於元宇宙的新職業。2D 網路時代的部落客、YouTuber 等創作者，將會轉化成 3D

元宇宙時代的創作者。如同 YouTube 創造出一個新的 YouTuber 職業，為個人提供無數機會一樣，在新的元宇宙平台上也會持續發生個人創作的革新。Zepeto 與 DIA TV 合作加強內容與創作者，反轉了「YouTube 創作者踏入 Zepeto」的模式，改由 Zepeto 的網紅向 YouTube 前進。現實是否令你感到喘不過氣？讓我們超越現實，在元宇宙中展示自己的能力，在元宇宙找到新的機會，並讓在元宇宙實現的夢想，再次與現實連結。

5

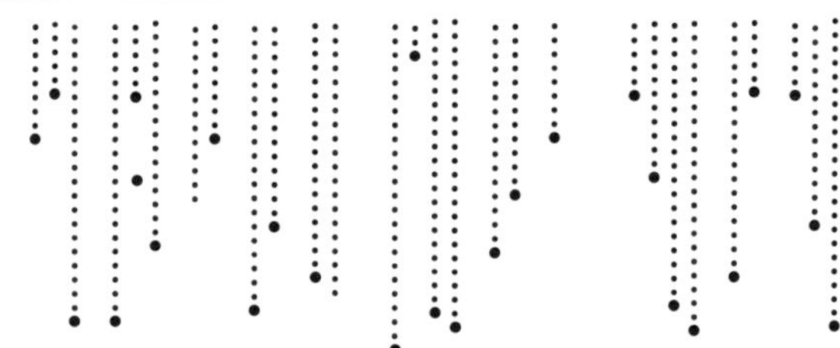

推動元宇宙登陸計畫

1957 年，蘇聯成功發射了人造衛星史普尼克 1 號，美國在受到衝擊之後，推動了登月計畫（Moon Shot）。當時甘迺迪說：「與其提高望遠鏡的性能看清月亮，不如製作可以直接前往月亮的太空船。我們會在 60 年代結束之前，將人類送上月球。」為了實現這項願景與任務，美國 NASA 設立了許多新整合項目，讓各機構可以一起合作，並推動將人類送上月球的阿波羅計畫。美國在 1969 年，第一次成功讓人類登上月球。「登月計畫」這個詞便應運而生，而 Google 獨力設計了自己的「登月計畫」，且正持續面對挑戰並加以落實。Google 經營稱為「Google X」[1] 的組織，其制定了能改變人類未來的遠大目標，並試圖找出解決重大問題所需的想法。在 Google X 的計畫項目中，最廣為人知的企業就是自動駕駛公司 Waymo。它最初是從 Google X 的自動駕駛汽車計畫起家，現在已從 Google 獨立出來，成為 Alphabet 公司旗下的子公司。

在元宇宙革命時代，我們可以實現在現實中不可能成真的想像。我們可以從完全不同的視角切入現有的各種問題，如同愛因斯坦所說，想要用問題形成之時的舊思維來解決問題是不可行的，我們必須拋棄原有的刻板印象，嘗試在元宇宙中開啟新的想像，也就是制定新的元宇宙登陸（Metaverse Shot）計畫。

我們不應該試圖從現實世界看清元宇宙而白費力氣，而是應該大膽地走入元宇宙，制定元宇宙登陸計畫的未來願景與目標，並結合 4I 來加以達成。現在你是不是正為了一些模糊的藍圖和目標，進行著許多與 4I 有關的計畫？你

---

[1] 編按：Google X 已經在 2015 年 Google 組織重整時，改名為 X，成為 Google 之外另一個 Alphabet 旗下的子公司。其目標在於研發出「登月計畫」等級的創新科技，以解決重大問題，進而讓世界大幅改善。

是否忘了環顧四周的狀況，只顧著往前衝？人們還會想再次登入目前已經建構結束的多個元宇宙計畫嗎？我們應該思考，大量的資源是否在目標不明確的情況下遭到濫用。讓我們瞄準目標，為國家、企業和個人都制定各自的元宇宙登陸計畫，並在那裡與嶄新的未來相見。

參考資料

第 1 章 登入元宇宙

1. 什麼是元宇宙？

1. 亞洲經濟 (2021.4.20)，「企業分割 SKT……朴正浩將前往元宇宙企業」。
2. www.abc7news.com, “Blockeley University hosts virtual commencement on Minecraft for UC Berkeley students.”
3. www.mbcsportsplus.com，「在虛擬空間『元宇宙』進行啟動儀式？韓華的突破，將前進網路空間」。
4. 朝鮮日報 (2021.5.7)，「DGB 金融控股高管透過元宇宙進行虛擬會議」。
5. PwC(2019), “Seeing is Beliveing.”
6. 這是作者整合以下內容後做出的定義：Acceleration Studies Foundation（2007），梁光鎬（音譯）(2006)，柳哲鈞（音譯）(2007)；李丞桓，「遠距時代的 Game changer，XR」，2021 ICT 產業展望 Conference，2020。
7. 所謂賽博龐克（cyberpunk）是指，熟悉電腦的同時，反抗現今社會制度與價值的年輕人或其風格。
8. Acceleration Studies Foundation(2006), “Metaverse Roadmap，Pathway to the 3D Web.”
9. Ark Investment Management(2021.1), “Big Ideas Report 2021.”

2. 關於元宇宙的誤解與真相

10. 東亞商業評論 (Dong-A Business Review)(2016.8)，「盡在原始樂趣的 AR ／ VR 業界現場，唯有以顧客的經驗做為工具才能存活。」
11. Steven Johnson (2016), “Wonderland: How Play Made the Modern World.”
12. www.elec4.co.kr，「VR，崩壞的虛擬與現實界線」(2015.9.7)。

3. 過去 vs 現在的元宇宙

13. 中央日報 (2008.9.23)，「世界最初、韓國最初登場的遊戲」。
14. 亞洲經濟 (2021.2.3)，「這次會復活嗎？ Cyworld22 年的興亡盛衰」。
15. 中央日報 (2021.4.3)，「虛擬人物之間可以戀愛，也可以一起開公司。元宇宙平台 Zepeto 的未來」。
16. NonFungible, L’ATELIER, “Non-fungible tokens yearly report 2020.”
17. CryptoArt.io.
18. Bloter(2020.10.19)，[Bloter星期一]，「在NFT看見未來」…《The Sandbox》夢想的區塊鏈遊戲。
19. Coindesk Korea(2021.4.1)，「急遽成長的 NFT 市場，日益嚴重的假冒和著作權糾紛」。

第 2 章　元宇宙革命

1. 為什麼元宇宙是革命？

1. Samsung Newsroom(2016.6.8)，「可穿戴式裝備，其進化的終結」。

2. KITA Market Report(2021.3.3)，「2020 年，可穿戴式裝備的市場趨勢」。
3. Facebook(2021.3.18)，「手腕上的 HCI：為次世代電腦平台，基於手腕的互動」。
4. Facebook(2021.3.18)，「手腕上的 HCI：為次世代電腦平台，基於手腕的互動」。
5. LG CNS(2018.3.14)，「AR，預言智慧型手機將從世界消失」。
6. Bresnahan, T. F. and M. Trajtenberg (1995), "General Purpose Technologies-Engines of Growth?," *Journal of Econometrics*, Vol.65, No.1, 83-108.
7. IHS(2017), "The 5G Economy: How 5G Technology will Contribute to the Global Economy"；KT經濟管理研究所(2018)，「分析 5G 的社會經濟波及效果」。
8. Innovate UK(2018), "Immersive Economy in the UK."
9. PwC (2019), "Seeing is Believing: How VR and AR will transform business and the economy."
10. Christiaan Hogendorn & Brett, "Infrastructure and general purpose technologies: a technology flow framework," *Frischmann European Journal of Law and Economics volume 50*，pages 469–488(2020)；KT 經濟管理研究所 (2018)「分析 5G 的社會經濟波及效果」。
11. B. Joseph Pine II and James H. Gilmore, "Welcome to the Experience Economy," *Harvard Business Review*, July-August 1998.
12. John Dewey (1938), *Experience and Education*, New York: Simon & Schuster, Inc., 35. 42. 互動的原理，不是經驗的主體與環境的某一方施加作用，而是透過互動結合而成；所謂連續原理是指，所有經驗都是透過先前經驗獲得某些東西，也可以用某種方式影響隨後而來的經驗品質。

13. LG CNS(2013.11.18)，「你所經歷的今天是？」
14. 英國的 Innovate UK 將沉浸式經濟定義為套用沉浸式技術 (immersive technology) 來創造產業、社會、文化價值的經濟。
15. 相關部門聯合 (2020)，「虛擬融合經濟發展策略；虛擬融合經濟的概念類似於英國 Innovate UK 定義的沉浸式經濟 (immersive economy) 相似。
16. Qualcomm Technologies (2018), “The mobile future of augmented reality;” Grigore Burdea and Philippe Coiffet, “Virtual Reality Technology,” John Wiley & Sons, 1993.

2. 零接觸時代該關注元宇宙的原因

17. 媒體豐富性：指媒介在媒介傳播的情境中，透過大量線索傳遞大量訊息的媒體能力 (Datf，et al.，1986)。
18. Daft, R. L. & Lengel, R.H. (1984). Cummings, L.L.; Staw, B.M. (eds.). “Information richness: a new approach to managerial behavior and organizational design.” *Research in Organizational Behavior*, 6: 191-233. Daft, R. L. & Lengel, R. H. (1986). “Organizational information requirements, media richness and structural design,” *Management Science*.32 (5): 554-571.
19. Allan Pease & Barabara Pease, The Definitive Book of Body Language, The Orion Publishing Group Ltd., 2006.
20. 金善虎（音譯）外 (2016)，「VR 新聞研究」。
21. GamesBest (2021.1.28), “The metaverse will feel alive once ‘storytelling’ becomes ‘storyliving.’
22. Gallagher, S. (2000), “Philosophical concepts of the self: Implications for cognitive sciences,” *Trends in Cognitive Sciences*,

4, 14-21.

23. M Botvinick, J Cohen, Rubber Hands 'Feel Touch' That Eyes See, NATURE, VOL 391, 19 February 1998.
24. Petkova, V. I. & Ehrsson, H. H.(2008), "If I were you: perceptual illusion of body swapping," *PLOS ONE*, 3(12), e3832.
25. 金振書（音譯）等，「人文關懷所需的超現實感性互動技術」，電子通訊趨勢分析第 36 卷第 1 號 2021 年 2 月。
26. Michael E. Porter & James E. Heppelmann, "Why Every Organization Needs an Augmented Reality Strategy," *Harvard Business Review*, 95, no.6 (November-December 2017): 46-57.
27. Edgar Dale (1946, 1954, 1969), *Audio-visual methods in teaching*. New York: Dryden Press.
28. Edgar Dale (1946, 1954, 1969), *Audio-visual methods in teaching*. New York: Dryden Press; Michael E. Porter & James E. Heppelmann, "Why Every Organization Needs an Augmented Reality Strategy," *Harvard Business Review* 95, no.6(November-December 2017): 46-57.
29. DMC XR 技術論壇 (2021)，「Next Media，KT Immersive Media 的現在與未來」。
30. INCRUIT 新聞稿 (2020.4.14)，一半以上的成年男女，「經歷過 Corona Blue（新冠憂鬱）」
31. Linville, P. W. (1985). Self-complexity and affective extremity: Don't put all of your eggs in one cognitive basket. Social Cognition, 3, 94-120; Linville, P. W. (1987). Self-complexity as a cognitive buffer against stress-related illness and depression. *Journal of Personality and Social Psychology*, 52, 663-676.

3. 元宇宙展翅高飛的條件

32. Bloter (2020.5.8)，「為什麼我們看好擴增實境眼鏡的市場潛力」。
33. Blooloop (2020.11.18), "Disney is creating a 'theme park metaverse' using AI, AR and IoT."
34. 每日經濟 (2020.11.22)「2 ～ 3 年後，虛擬實境將成為新的平台」。
35. IT 朝鮮 (2021.2.27)「勝利號，相當於好萊塢 CG 技術的祕訣是 R&D」。
36. 作者綜合 Deloitte、Soul Machines、Unreal 引擎、朴敏英（音譯）(2021) 的內容再行定義。
37. Allan Pease & Barabara Pease, *The Definitive Book of Body Language*, The Orion Publishing Group Ltd., 2006.
38. 無需專業培訓，即可在廣泛領域以低成本接觸商務流程、經濟分析等專業領域。
39. Marketsandmarkets (2020.7), "Global Forecast to 2025."
40. Anthony J. Bradley (2020.8.10), "Brace Yourself for an Explosion of Virtual Assistants," Gartner Blog.
41. Virtway、Teooh, Rumii、MeetingRoom、ENGAGE、Dream、Frotell Reality、MeetinVR、VirBELA、The Wild、Sketchbox、VIZIBLE、AltspaceVR、logloo、Meeting Owl、Spatial、Glue 等。
42. T Times (2020.10.22)，「僅 1 年就超越獨角獸，成為 2 兆韓元公司的 hoppin」。
43. 朝鮮商業 (2020.5.14)，「用 AR 開會吧」……特輯，免費公開遠端會議解決方案。
44. 目前 HoloLens 的價格仍然很高，因此 AR、VR 裝置的平均價格較高。但最近上市的「Oculus Quest2」降價至 299 元，因此與平均價格有落差。

45. The Gamer (2021.2.2), "Oculus Quest 2 Sells 1.4 Million Units In Q4 2020."
46. www.bloter.net，「SKT『Oculus Quest2』補貨後 4 分鐘即售罄…其人氣祕訣是？」。
47. Upload VR (2021.3.3), "Oculus Quest 2 Is Now The Most-Used VR Headset On Steam."
48. www.bloter.net，「SKT『Oculus Quest2』補貨後 4 分鐘即售罄…其人氣祕訣是？」。
49. Roadtovr (2021.1.27), Zuckerberg: Quest 2 'on track to be first mainstream VR headset,' Next Headset Confirmed.
50. Mashable (2020.9.17), "Oculus Quest 2 review: VR finally goes mainstream."
51. 朝鮮日報 (2022.3.22)，「價值 42 兆韓元，機器磚塊 ... 製作遊戲與朋友同樂」。
52. UPLOADVR (2021.4.4), "Why Sony's VR Ambitions May Outgrow Play Station."
53. www.oculus.com (2021.2.2), "FROM BEAR TO BULL: HOW OCULUS QUEST 2 IS CHANGING THE GAME FOR VR."
54. Spatial Web 專利統稱為元宇宙來解釋，Acceleration Studies Foundation (2006)，就像在「Metaverse Roadmap、Pathway to the 3D Web」所描述的，與元宇宙和 3D Web、Spatial Web 做為類似概念提及。
55. Techcrunch.com (2018.8.30), "Apple buys Denver startup building waveguide lenses for AR glasses."
56. www.bloomberge.com (2020.5.15), "Apple Acquires Startup

NextVR that Broadcasts VR Content."
57. *Wallstreet Journal* (2020.5.14), "Apple Buys Virtual-Reality Streaming Upstart NextVR."
58. CNN (2021.1.27), "Microsoft patented a chat bot that would let you talk to dead people.It was too disturbing for production."
59. 電子新聞 (2021.1.13)，「魔戒蘋果，智慧型戒指專利登場」；theguru(2021.1.5)，「蘋果，獲得 VR 手套專利……準備迎接『元宇宙』時代」。
60. VRSCOUT (2021.1.26), "HaptX Launches True-Contact Haptic Gloves For VR And Robotics;" VRFOCUS (2020.10.9), "The Virtuix Omni One Is A Consumer VR Treadmill For 2021."
61. ARK Investment (2021), "Big idea 2021."
62. 大信證券 (2019)，「VR／AR 手機之後的突破性革命」；新創募資週期，依照生命週期分為 Seed、A、B、C，在 C 後，因接近公開市場，因此以 pre-IPO 或 pre-exit 稱呼。

第 3 章　元宇宙，革新產業

1. 產業大風吹的來源，元宇宙

1. Accenture (2019), "Waking up to a new reality: Building a responsible future for immersive technologies."
2. IDC (2019), "The Impact of Augmented Reality on Operations Workers."

2. 在平行世界進行研發與製造

3. 東亞科學 (2019.11.13.)，「未來工廠將如何組成？」。

4. 每日經濟 (2020.12.20)，「聚集在 VR 空間的全球開發者… 以虛擬融合技術企劃新車」。

3. 不用出門的逛街購物

5. Polinews (2019.12.10)，「CP 值最大化，從展廳現象 vs 反展廳現象所見的消費趨勢為？」。
6. Accenture (2020.9), “Try it. Trust it. Buy it.: Opening the door to the next wave of digital commerce.”
7. Vertebrae (2020), “eCommerce Evolves Due to Consumer Demands:Immersive Experiences with 3D & AR Emerge.”
8. CTECH (2020.5.31), “Zeekit’s Virtual Fitting Rooms Replaced Asos’s Fashion Shoots During Covid-19 Crisis.”
9. Market&Market 展望資料。
10. 韓國經濟 (2020.6.16)，「以 AR 體驗虛擬化妝……法國萊雅，線上業績遽增 53%」。
11. www.dhl.com，「DHL，物流現場的數位化實現！透過智慧型眼鏡解決物流，展現『視覺揀貨』技術」。
12. Edaily (2021.5.26.)，「前往新大陸元宇宙的通路業，現在開始」。

4. 讓人邊玩邊看的廣告行銷

13. 總公司標準。
14. 今日媒體 (2020.5.16)，「KBS · MBC 廣告業績下掉，見不到底」。

5. 臨場感十足的教學法

15. Eric Krokos, Catherine Plaisant, Amitabh Varshney, "Virtual memory palaces: immersion aids recall," Virtual Reality, Published online 16 May 2018, Springer-Verlag London Ltd., part of Springer Nature 201811 W.
16. 軟體政策研究所 (2020)，全球 XR 最新趨勢與時事觀點。
17. PwC (2020.6.25), "The Effectivness of Virtual Reality Soft Skills Training in the Enterprise."
18. www.ciokorea.com(2018.6.15)，「完美重現真實航空事故，全球最大航空大學的 VR 運用方法」。
19. www.fortunekorea.co.kr (2019.3.5.)，「成為真實手術室的虛擬實境」。
20. www.fortunekorea.co.kr (2019.3.5.)，「成為真實手術室的虛擬實境」。
21. Forbes (Mar 9, 2020), "Virtual Reality For Good Use Cases: From Educating On Racial Bias To Pain Relief During Childbirth."
22. www.kozminski.edu.pl.

6. 從今以後，改變了旅行定義

23. NEWSIS (2020.10.27)，「Meta 表演：未來劇場」是「遊戲 + 演出 + 體驗，令人頭痛的工」。
24. 每日經濟 (2020.4.8)，「握上方向盤，騎著自行車 ... 在虛擬空間比試一場吧」。
25. 首爾經濟 (2020.5.24)，「用 VR 享受應援卡丁車吧」。
26. 中央日報 (2020.4.26)，「疫情改變的 LoL 決戰…虛擬應援與 VR 直播」。
27. 東亞日報 (2020.6.13)，「年輕人熱愛的電競比賽，能打開奧運的大門嗎？」
28. Forbes (2020.4.27), “Ranked: The World’s 15 Best Virtual Tours To Take During Coronavirus.”
29. 朝鮮日報 (2020.4.7)，「COVID19 導致居家防疫悶，透過 VR 旅行排解」。

7. 找房子？何時看房都不算任性

30. 每日日報 (2020.9.28)，「房仲業，遠端工作正活躍」。

第 4 章 元宇宙，改變社會

1. 為善的元宇宙

1. 首爾新聞 (2018.12.23)，甜蜜的科學，大人也信聖誕老人？
2. KBS NEWS (2020.5.28.)，「美國不變的真相…無止盡的人種歧視」。
3. Indiewire (2019.8.28), ‘Traveling While Black’: Roger Ross Williams VR Doc Reclaims ‘Green Book’ Narrative.
4. Domna Banakou et al, “Virtual Embodiment of White People in a Black Virtual Body Leads to a Sustained Reduction in Their Implicit Racial Bias,” Frontier in Human Neuroscience, 29.Nov, 2016.
5. *Forbes* (2020.2.12), “Automated Virtual Reality Therapy Pioneer Oxford VR Secures Record $12.5 Million Investment.”
6. *Forbes* (2020.2.12), “Automated Virtual Reality Therapy Pioneer Oxford VR Secures Record $12.5 Million Investment.”
7. *Science Times* (2016.1.15)，「即將成為現實的虛擬實境治療法」。

8. www.bloter.net，「能幫助殘疾治療的溫暖虛擬實境」。
9. *Science Times* (2016.1.15)，「即將成為現實的虛擬實境治療法」。
10. www.media.dglab.com，「VR 利用で吃音症を改善するアプリ「Domolens」が描く未 」。
11. *Science Times* (2005.9.7)，「眼睛與視覺，以光欣賞的世界」。
12. Nocut News (2017.8.3)，「2050 年視障人士預期增加為現在的 3 倍」。
13. www.vrscout.com, "Denmark Is Turning To VR To Combat Teen Drinking Problem." (2019.3.18)

2. 政府也在帶頭領跑

14. www.vrscout.com, "NYPD Uses Location-Based VR For Active Shooter Training."
15. 金漢燮外（音譯）(2018)，「以虛擬實境為基礎的犯罪側寫模擬教育與評估系統」。
16. www.news.kddi.com，「JR 西日本における『VR（仮想現実）』による災害 策ツールの概要について」。
17. LGCNS (2018.11.13)，「物理性世界與數位世界的整合」。

第 5 章　元宇宙的黑暗面

1. 元宇宙的光與影

1. 科學技術政策研究院 (2015)，「從新興技術風險中的復原力為觀點出發的因應方案」。
2. Anderson, Stuart and Massimo Felici (2012)，Emerging Technological risk，Springer London.

2. 前所未見的社會問題

3. www.huffingtonpost.kr(2017.1.24.)，「上週我在虛擬實境遭遇性騷擾」。
4. Upload VR (2016.10.25), "Dealing with Harassment in VR."
5. 朝鮮日報 (2021.4.22)，「脫吧，小學生在虛擬實境的虛擬角色性騷擾」。
6. www.techm.kr (2020.12.12)，「全球色情網站 Pornhub，面對國際批評舉白旗？」
7. www.econovill.com (2019.6.19)，「為何國內成人內容的規範，再度引起爭議？」
8. 以 2019 年為基準，包含平板。
9. www.ajunews.com (2019.4.10)，「等待 5G 迷的成人內容市場」。
10. www.vrn.co.kr (2015.9.1)，「淘氣美國，進軍 VR 成人市場站上事業第 2 春」。
11. www.econovill.com (2018.9.24)，「掀起虛擬實境熱潮的領頭羊，果然是色情產業？」
12. www.fnnews.com/news (2019.1.13) [CES 2019] VR · AR 產業帶領的虛擬實境 (VR) 成人內容的心得。
13. https://copyright.newsnstory.com，「一起來學習，當深度學習遇上虛假的深偽技術 (Deepfake)」。
14. Ruben Tolosana et al, Deepfakes and Beyond: A Survey of Face Manipulation and Fake Detection, *Journal of latex class files*, Vol.13, No.9, March 2016.
15. 軟體政策研究所 (2020)，「透過大數據看到的深偽技術，與虛假的戰爭」。
16. 韓國經濟 (2021.2.28)，《想知道真相》令人發毛的深偽技術「雙手顫抖」。

17. 國家情報院 (2021.5.26)，「國際犯罪危險通知服務，注意利用深偽技術的新詐騙手法」。
18. *MIT Technology Review* (2021.2.24), "Deepfake porn is ruining women's lives. Now the law may finally ban it."
19. www.wsj.com (2019.8.30), "Fraudsters Used AI to Mimic CEO's Voice in Unusual Cybercrime Case."
20. 韓國日報 (2021.4.4)，「又是臉書……洩漏 5 億多人姓名、電話」。
21. Jeremy Bailenson (2018.8.6), "Protecting Nonverbal Data Tracked in Virtual Reality," JAMA Pediatrics.
22. Nature research, *Scientific Reports*, "Personal identifability of user tracking data during observation of 360-degree VR video."
23. ITIF (2021), "Balancing User Privacy and Innovation in Augmented and Virtual Reality."
24. www.eff.org, "If privacy dies in VR, It dies in real life."
25. 韓國著作權委員會 (2021)，「近期圍繞著 NFT 的議題與著作權爭議點」。

第 6 章　元宇宙轉型策略

1. 元宇宙：人 × 空間 × 時間的革命

1. 東亞科學 (2020.1.17)，「恐龍滅絕是因為小行星衝撞 ... 不是火山爆發」。

2. 企業需要顛覆思維

2. 東亞商業評論 (2017.11)，「沒有舞台、對白和劇情的詭異表演？透過參與和溝通線上驚人的沉浸感。」

3. Money Today (2021.5.29)，成為「小號遊樂園」的元宇宙，會受到Z世代歡迎的原因。
4. www.businessinsider.com (2020.11.17), "A ton of industries are selling things Gen Z doesn't care about, like alcohol, razorblades, and even cars."
5. 經濟評論 (2019.3.31)，「招聘、教育導入虛擬實境的企業遽增」。
6. Money Today (2019.3.5)，Big Hit Entertainment、② Big Hit的決定。

3. 進化為元宇宙政府

7. The OECD 2019 Digital Government Index.
8. 韓國行政安全部 (2020.10.16)，「大韓民國第1屆經濟合作暨發展組織 (OECD) 數位政府考核綜合第1名」。
9. Steven Johnson, *Wonderland: How Play Made the Modern World*, 244-255.
10. Charles Dickens, *Household Words*, Vol.1, 1850, 73-77.
11. Steven Johnson, *Wonderland: How Play Made the Modern World*, 244-255.
12. www.cutimes.com, "Virtual Reality Banking Gamifies GTE Financial."
13. The Association of the United States Army (2020), "The Synthetic Training Environment."
14. U.S.Army (2019.10.8), "Army testing synthetic training environment platforms."
15. European Commission (2021.4.21), Proposal for a REGULATION

OF THE EUROPEAN PARLIAMENT AND OF THE COUNCIL LAYING DOWN HARMONISED RULES ON ARTIFICIAL INTELLIGENCE (ARTIFICIAL INTELLIGENCE ACT) AND AMENDING CERTAIN UNION LEGISLATIVE ACTS.

16. Anthony J.Bradley(2020.8.10.)，"Brace Yourself for an Explosion of Virtual Assistants"，Gartner Blog.

4. 在元宇宙設計新的人生

17. Jobkorea 對多重人格進行問卷調查的結果。
18. Jobkorea 與 Albamon 對分身文化熱潮調查的結果。
19. 複選回答結果。
20. YouTube 要創造營收，需要 1 千個訂閱人數、每年累計觀看時間達 4 千小時才能附加廣告，意謂著需為全職 YouTube 頻道。
21. 基於來自專業 YouTube 統計分析公司「Playboard」的數據。

國家圖書館出版品預行編目資料

元宇宙 / 李丞桓作 . -- 初版 . -- 臺北市：三采文化股份有限公司 , 2022.01
面； 公分 . -- (Trend)
ISBN 978-957-658-713-9(平裝)

1. 虛擬實境 2. 數位科技

312.8 110019636

suncolor 三采文化集團

Trend 72

元宇宙：

全面即懂 metaverse 的第一本書

作者｜李丞桓 審訂｜蔡宗翰
副總編輯｜王曉雯 文字編輯｜王惠民
美術主編｜藍秀婷 封面設計｜高郁雯 內頁設計｜高郁雯
版權負責｜孔奕涵 專案經理｜張育珊 行銷企劃｜陳穎姿
內頁排版｜中原造像股份有限公司 校對｜陳俊傑

發行人｜ 張輝明 總編輯｜ 曾雅青 發行所｜ 三采文化股份有限公司
地址｜ 台北市內湖區瑞光路 513 巷 33 號 8 樓
傳訊｜ TEL:8797-1234 FAX:8797-1688 網址｜ www.suncolor.com.tw
郵政劃撥｜ 帳號：14319060 戶名：三采文化股份有限公司
初版發行｜ 2022 年 1 月 21 日 定價｜ NT$460
3 刷｜ 2022 年 3 月 10 日